TABLEAU ANALYTIQUE

DES TRAVAUX ET DES EXPÉRIENCES

EN AGRICULTURE,

ENTREPRIS, CONSEILLÉS OU TERMINÉS

Par Nicolas DOUETTE - RICHARDOT,

Cultivateur à Langres, département de la Haute - Marne ; ou sous sa direction, pour le desséchement des Marais, le défrichement des Montagnes et des Terreins incultes, et les semis et plantations dans ce Département et autres.

S

TABLEAU ANALYTIQUE

*Des Travaux et des Expériences en Agri-
culture, entrepris, conseillés ou terminés*

Par Nicolas DOUETTE-RICHARDOT,

*Cultivateur à Langres, département de la Haute-Marne;
ou sous sa direction, pour le desséchement des Marais, le défrichement des Montagnes et des Terreins
incultes, et les semis et plantations dans ce Département et autres.*

Accompagné de Plans géométriques
de plusieurs parties; appuyé de Pièces
authentiques; et fait pour être présenté

A Son Excellence le Ministre de l'Intérieur,

Et à la Société libre d'Agriculture
du département de la Seine.

Citoyens,

Je viens essayer de satisfaire à l'engagement
solemnel que j'avois pris au sein de cette auguste assemblée, le 1er. Nivose an XI.

J'avois promis d'offrir à la Société pour le transmettre au Ministre ;

1°. Le plan visuel de tous les terreins que j'avois déjà mis et que, par la suite, je pourrois mettre en valeur.

2°. L'exposé des moyens employés dans chaque localité.

3°. Le devis estimatif de chaque entreprise en dépenses et en produits.

Vous jugerez, Citoyens, si j'ai bien rempli mes obligations.

1°. PLANS.

Je me fais un devoir de déposer dans vos archives, non pas de simples plans visuels qui n'eussent rien présenté d'assez satisfaisant à la Société, mais des plans géométriques de quelques-unes des parties que j'ai fertilisées, et en tel nombre que le temps et mes moyens me l'ont permis.

J'en continuerai l'établissement et l'envoi, pour les autres parties, si vous daignez me témoigner que cette manière, que j'ai jugée la plus digne, peut vous être agréable.

Je n'épargnerai rien pour mériter votre confiance et vos bontés.

(5)

Je ferai tout, à votre exemple, pour conserver l'estime du Ministre de l'Intérieur.

Mon dévouement n'a plus de bornes quand il s'agit de répondre aux vues d'un Gouvernement libéral qui conduit l'Agriculture à son amélioration, à travers les occupations que lui donne le systême admirable qu'il a adopté.

2°. Devis.

Vous ne trouverez pas de devis estimatif de chaque entreprise particulière ; la plupart d'entr'elles étoient en activité quand cet engagement s'est formé ; l'empressement du cultivateur ne me permettoit pas de tels détails, et lui-même ne les exigeoit pas ; il a joui du produit sans m'en rendre compte, et la longueur de ces opérations minutieuses eût nui à la rapidité de mes nombreux travaux ; j'ai été forcé d'agir, sans être le maître de compter ; mais *vous remarquerez dans les pièces, que j'ai su ménager la dépense et fournir le produit le plus inattendu.*

J'ai considéré, d'ailleurs, que, quelle qu'eût été l'exactitude d'une telle opération, elle n'auroit rien offert d'utile : le meilleur devis ne pourroit servir ni de modèle ni de règle générale, puisqu'on ne pourroit jamais l'adapter d'une espèce à l'autre ; un tel tarif n'appartient bien qu'à son objet même, et dans ses détails il doit varier comme les localités ; il est subordonné à la valeur des journées, au prix du travail dans chaque pays, à la difficulté de l'opération ; vous ne pourriez le prendre pour base de vos calculs, et ce seroit égarer le cultivateur et l'ouvrier que de lui en présenter un exemple général.

3°. LES MOYENS.

Ceux que j'emploie varient selon les terreins, les localités et les personnes ; il étoit impossible qu'ils fussent uniformes dans la sphère même au centre de laquelle je me trouvois placé.

J'en fournis de plus larges au propriétaire aisé qu'au simple habitant des campagnes ; il m'en faut de plus économiques pour les communes, dont les intérêts pupillaires exigent plus de ménagemens.

Là, où les anciennes routines subjuguent encore les esprits victimes de l'habitude, j'en indique d'une autre espèce que là où les esprits tendent simultanément à l'amélioration de l'Agriculture.

Les sommités des montagnes couvertes d'un

roc nud et sourcilleux ne s'applanissent pas , et ne peuvent se ramener dans le domaine commun , de la même manière que le marais fangeux , ou que ces terreins dans lesquels mille sources entretiennent un sol marécageux , faute d'écoulemens.

Les différences dans la nature des terres veulent être différemment saisies. Je ne peux pas traiter un espace simplement négligé , par les moyens que j'applique sur un terrein également inculte , mais couvert de ronces , d'épines , de bois et de ruines.

Pour faire le bien par-tout , comme vous le désiriez , j'avois encore à vaincre la difficulté des temps (et les temps ne se ressemblent pas toujours), l'apathie ou l'indolence des hommes , la crainte trop commune de sacrifier à l'enthousiasme ; j'avois à ménager l'opinion et l'économie du riche et les foibles ressources du simple cultivateur.

En un mot , j'innovois dans l'emploi de mes moyens ; il falloit les accommoder avec les préjugés reçus , braver les dégoûts d'une critique souvent amère , et se prémunir encore contre les efforts de la malveillance.

Pour vous développer tant de variétés , un volume n'eût pas suffi ; je me borne donc à vous offrir le détail de quelques généralités que j'ai mises en pratique ; une analyse rapide de mes opérations suffira pour vous mettre à portée de juger si j'ai bien saisi l'immense étendue de vos conceptions.

Je m'étois arrêté , durant quelques instans , au simple desséchement des marais; je fertilisois le pied des montagnes , et leurs sommités arides sembloient me reprocher de les laisser incultes.

Je semois , je plantois, en paix, sous leurs fronts menaçans. Je formois des pépinières , et je m'occupois du soin de rechercher des lieux propres à recevoir leur produit qu'il falloit transplanter , quand élevant les yeux à la hauteur des montagnes, elles me présentèrent leurs vastes croupes et leurs immenses plateaux.

Je les visitai, et, au premier examen, je les jugeai susceptibles de fertilisation : pénétré des leçons de votre théorie, je conçus toute l'étendue de mes devoirs, et ce qui me restoit à faire pour répondre dignement à votre confiance.

J'eus , peut-être, l'orgueil de croire que vous aviez mis à ma disposition cette portion du domaine de la nature, et que le Gouver-

nement me commandoit de la tourner toute
entière au profit de la Société !

A l'ouverture de mes premiers travaux , j'a-
vois senti la nécessité de former des ouvriers,
et je leur prodiguai tous mes soins ; bientôt
ils furent imbus des leçons de ma pratique , et
la plupart se trouvèrent en état, non seulement
de travailler hors de ma surveillance , mais
encore de conseiller , de diriger et d'exécuter
les ouvrages nécessaires.

Mais que je fus heureusement servi dans
le projet de cette espèce d'école ! Un frère,
Douette-Lievre , sur lequel sa modestie m'a
imposé jusqu'à ce jour un silence que l'intérêt
public me fait rompre , m'a secondé puissam-
ment par son zèle, ses connoissances , et son
dévouement sans bornes. Plus agriculteur que
moi et plein de mon dessein , il conduisoit
mes élèves de la leçon au travail, et leur ex-
pliquoit ma méthode par l'expérience. Il vouloit rester ignoré , mais il peut être utile à ma
patrie, et la justice m'impose l'obligation de
vous faire connoître ce collaborateur ; si j'ai
obtenu quelques succès , ils nous sont com-
muns. Son concours et ses efforts constans et
secrets ont enhardi mes entreprises.

Je ne craignis plus de m'emparer des montagnes et des marais ; je les couvris d'ateliers, et, par ce moyen, en multipliant sans cesse l'exécution chez les gens aisés, j'eus en même temps la satisfaction d'arracher aux besoins de la vie, des hommes que la misère menaçoit, par l'inoccupation de leurs bras utiles.

Mes premiers succès étonnèrent d'abord ; l'intérêt dissipa bientôt la surprise ; enfin, les habitans des campagnes m'appelèrent, et vinrent me consulter avec confiance.

A leur première invitation, je me rendois sur les lieux avant d'agir ou de donner mes avis : hésitoit-on sur l'exécution, soit par crainte de la dépense, soit par l'effet de l'incertitude du succès ? alors je levois la difficulté en faisant des offres avantageuses de la valeur d'un fonds inutile, ou en me soumettant à le prendre à bail, moyennant un prix et pour un temps au-delà duquel je m'engageois à rendre le terrain en bon état.

Il m'étoit souvent impossible de répondre à tous en même temps, ou de me transporter en des lieux divers, au gré des cultivateurs empressés. Alors j'envoyois ces ouvriers que j'avois façonnés ; ils appliquoient la méthode que je leur avois inculquée, et, sous ces mains étrangères que ma surveillance excitoit de

temps en temps , les terres incultes disparois-
soient : mon frère étoit par-tout où je ne
pouvois me trouver.

Ce n'étoit pas assez d'établir , il falloit encore conserver et défendre. Pour arriver à ce
double but , je faisois amonceler sur les extré-
mités les pierres tirées du centre de chaque
propriété , et j'en faisois former de solides clô-
tures qui s'opposoient à l'introduction furtive
des animaux , aux dilapidations des hommes ,
et aux ravages des eaux qui ne pouvoient plus
entraîner , dans leur fureur , les terres que
renfermoient ces murs.

Ces rochers escarpés , tombés de la cime
aux pieds des montagnes , auroient embar-
rassé et nui ; je les asservissois à l'utilité publique , en les faisant transporter sur les berges
des routes pour être employés à la réparation
des chemins.

Se présentoit - il des marais ? je le considé-
rois avec attention , et par cet examen je de-
vinois le secret de leur existence. Instruit , je
m'emparois et des eaux et des végétaux nuisibles qu'elles entretenoient. *Vives* ou *accidentelles* , j'en purgeois le sol par les moyens différens qui étoient propres à faire disparoître
leurs différentes causes.

Accidentelles : je les épuisois par des ouvertures multipliées qui desséchoient le terrein, je rendois à l'air une salubrité que leurs exhalaisons putrides empoisonnoient depuis long-temps.

Vives : mais retenues sur leurs sources par les terreins plus élevés qui les environnoient, je leur facilitois un libre écoulement par de vastes saignées dont la pente sur leur longueur étoit calculée dans une juste proportion jusqu'aux rivières voisines : souvent, selon les localités, j'en gardois pour le besoin en les réunissant en un seul canal, d'où elles se divisoient en plusieurs rigoles internes ou externes, au gré du cultivateur, puis je les abandonnois roulant au fonds des vallées, d'où après avoir arrosé les prairies ou fertilisé les champs, elles alloient se rendre dans la rivière voisine et se confondre dans son cours.

Il me restoit à me débarrasser des végétaux nuisibles, je les faisois brûler sur place (vous en trouverez la méthode détaillée dans le cours de ce Mémoire), et de leurs cendres je fertilisois une terre qu'ils dévoroient naguères, pour alimenter leur existence vénimeuse.

Je ne finirois pas, comme j'ai eu l'honneur de vous le dire, si je voulois vous les développer tous , ces moyens que j'ai employés ; vous les retrouverez sous chaque article dont je me propose de vous offrir le compte.

Travaux.

Ce que j'ai jugé de plus utile et de plus digne de votre attention , c'est la simple exposition de mes travaux et de leurs résultats. Daignez, je vous en prie , ne la considérer que comme un compte rendu par un Mandataire à ses Commettans.

Sous ce titre de compte , je le divise en deux parties.

Je consacrerai la première à l'acquittement d'une dette sacrée qui peseroit sur ma reconnoissance et ma sensibilité , si je mettois moins d'empressement à la payer. Je l'ai considérée comme l'un des moyens les plus actifs pour les progrès de l'Agriculture en France.

La seconde présentera dans un ordre simple le détail de mes opérations , justifiées par des pièces authentiques , et la plupart accompagnées des plans géométriques dont je vous devois l'offrande.

PREMIÈRE PARTIE.

Le plus efficace de tous les moyens sur l'amélioration et les progrès de l'Agriculture en France, étoit dans la main bienfaisante et protectrice du Gouvernement : il étoit à peine consolidé, que son œil s'est fixé sur cette partie de la richesse nationale.

Votre auguste Société, citoyens, l'entendit la première ; excitée, encouragée par un Ministre, ami du bien public, ce fut elle qui m'inspira le zèle dont je me suis senti animé. Les encouragemens qu'elle a donnés à mes premiers efforts, la protection qu'elle a attirée sur moi, la manière éclatante par laquelle le Ministre de l'Intérieur m'a récompensé, au nom de la République, ont plus fait sur l'esprit des cultivateurs que mes conseils, que ma constante activité, que mes ouvrages, que mon exemple même.

Je remets sous vos yeux l'extrait du Programme publié par vous, le deuxième jour complémentaire ; il contient la notice de la médaille que vous m'avez donnée.

J'y joins un exemplaire du rapport que fit le premier Nivose, an XI, le C. *Chassiron*, au nom d'une Commission que vous aviez char-

gée d'examiner le compte de mes premiers travaux dont je vous avois soumis l'analyse.

Je les accompagne de copie de la lettre du
Ministre , du 26 Pluviose. Ce rapport ayant
fixé l'attention de S. E. , elle a pensé qu'il me
seroit honorable de recevoir un nouvel encouragement de la part du Gouvernement , elle
me l'a accordé , et m'invite à continuer d'utiliser mes talens, en les dirigeant selon l'avantage de l'Agriculture et pour le bien général.

Sa constante sollicitude m'a toujours entre-
tenu dans mes dispositions , par les lettres les
plus encourageantes. *Voyez cote* A.

L'impulsion que S. E. et Vous , m'avez
communiquée, a été reçue par tous les cultivateurs, tant du département de la Haute-Marne
que des Départemens voisins ; et vos mesures
répandues par les soins du Ministre ont retenti,
non seulement dans le sein de la France entière , mais encore chez les peuples voisins.
Voyez cote I.

Des Russes et des Polonois m'ont honoré de
leurs visites , pour prendre mes conseils et une
idée de ma méthode.

Les effets de cette influence ont été tels, qu'ils
ont dissipé tous les obstacles qui s'accumu-
loient pour empêcher mon succès. Mes pro-

miers essais vus d'abord avec indifférence , at-
taqués ensuite par la malveillance , poursui-
vis après par l'ironie qui cherchoit à me dé-
courager , ont résisté à l'incrédulité, et détruit
une espèce d'apathie plus funeste encore aux
développemens de l'Agriculture.

Aujourd'hui , tous les esprits se sont re-
tournés vers cette mère féconde qui va vivifier
ce Département ; le préfet , le sous-préfet du
troisième arrondissement, les autorités locales la protègent et l'encouragent , les propriétaires aisés la réclament et s'y dévouent , les
simples cultivateurs , les fermiers en ont cal-
culé tous les avantages , ils apperçoivent le produit, l'intérêt a fait le reste , il y commande
en maître ; c'est, pour ainsi dire , une terre
préparée que l'œil et la protection du Gouvernement peuvent féconder à son gré ; un seul
mot me semble devoir suffire désormais pour
achever de changer cette surface si long-temps
abandonnée.

Elle est déjà bien avantageusement changée
dans les lieux qui m'environnent, cette portion
du Département s'est si rapidement couverte
d'ateliers qui se sont successivement renou-
vellés et multipliés, qu'il ne reste presque plus
rien à rendre au domaine de l'Agriculture ; *là*
où

où de vieilles roches , menaçant des terreins subalternes , ne montroient, à vrai dire, que la sèche ostéologie de la nature , on voit aujourd'hui une surface féconde , embellie par la culture , fleurir et payer de reconnoissance, par ses produits , les soins du cultivateur qui a eu le courage de l'arracher à une trop injuste négligence.

Ce ne sera pas par un récit pompeux de quelques faits errants , incertains , recueillis avec art pour leur donner de l'importance, que je remplirai la seconde partie de ce compte , j'y mettrai sous vos yeux une masse assez considérable d'opérations réelles , exécutées et justifiées par des pièces authentiques, toutes émanées des autorités locales, reconnues par des commissaires nommés à cet effet , et que les Administrateurs supérieurs ont honorées de leurs suffrages et de leurs approbations.

Mais mon zèle, mon devoir, ma sensibilité et ma reconnoissance, m'ont commandé de la faire précéder de cette première partie comme un hommage pur de ces ouvrages, que je devois offrir à ceux qui me les ont inspirés, et qui les ont encouragés et largement récompensés : c'est un tribut que je m'impose, et que j'acquitte avec d'autant plus de confiance , que je le con-

B

sidère comme l'élan le plus propre à émouvoir toute la république agricole.

Il est clair, en effet, que c'est à cette assemblée, et à ce que le Gouvernement et le Ministre ont fait pour moi sur les notions de mes travaux, qu'elle a eu l'attention de leur transmettre, que je dois les succès que j'ai obtenus. Il falloit donc que je les reportasse à leur source, aux yeux de la France entière à laquelle je me propose pour un exemple comblé de leur munificence ; parce que là devoient se réunir tous les effets de mon travail, comme dans un centre unique où viennent s'accumuler tous les moyens propres à bâser sur des calculs certains la possibilité d'étendre promptement l'Agriculture sur toute la surface du territoire François.

Et que ne fera pas l'étincelle qui m'a électrisé, moi chétif anneau de la grande chaîne qui tient à la machine entière, si elle a pu dans un seul point opérer de si prompts et de si grands effets ! Que ne fera pas cette étincelle, lorsque multipliée et parcourant la chaîne entière, elle frappera du même coup, tous les cultivateurs de tous les Départemens ! ! !

Votre sagacité, citoyens, vous fera bien apprécier et développer ces calculs , et non seulement les appliquer à la République entière , mais encore les résumer avec assez de précision pour appercevoir l'époque à laquelle tout le sol pourra être généralement en culture.

Une fois résumés par vous , cette époque n'échappera pas à la surveillance d'un Ministre qui s'applique à faire germer dans tous les cœurs l'amour de l'Agriculture et des Arts ; il saura bien dans sa sollicitude saisir ce que le Gouvernement peut avec les soins des Sociétés libres modelées sur votre institution, stimulées par vous , et avec des Administrateurs de tous les ordres , auxquels il sait communiquer le feu civique dont il est embrâsé ; il saura bien après cela , créer , multiplier les moyens , indiquer les véritables ressorts au Gouvernement , et en découvrir le secret au héros philosophe qui règle les grands mouvemens de l'Administration générale , et qui distingue et pénètre, par sa préscience, ce que peut un peuple gouverné par un génie qui le conduit de la gloire au bonheur public.

Je vous dois ici une déclaration franche, citoyens ! isolé et loin de l'influence de cette protection suprême, mes efforts, quoiqu'encouragés par des moyens si puissans, eussent peut-être été vains sans les secours qui m'ont été prodigués sur les lieux par les Agens immédiats du Gouvernement, et je saisis cette occasion d'acquitter une dette sacrée, en consacrant à la justice publique les efforts et les noms de ces bienfaiteurs de leur pays, par le récit des détails que je viens consigner dans vos archives.

Celui dont je dois vous entretenir, en premier ordre, est le C. *Jerphanion*, aujourd'hui Préfet du département de la Haute-Marne.

L'œil paternel de cet excellent Administrateur m'a guidé, m'a suivi avec sollicitude dans mes opérations. Pénétré du bon esprit du Gouvernement, il a porté l'attention jusqu'à me faire remarquer par le Conseil général, par vous, par la Société libre d'Agriculture établie à Chaumont, et il a comblé ses soins et ses bontés, en prélevant, sur les instans qu'il donne sans cesse à son Administration, le temps qu'il a jugé nécessaire à son transport sur les lieux, pour visiter, en personne, les ouvrages que j'avois exécutés.

Après avoir pris une mesure générale sur la régénération des plantations, il en prit une particulière pour les ouvrages qui me seroient

confiés ; elle avoit pour but d'exiger des maires des communes qu'ils constatassent, par des
procès-verbaux, l'état dans lequel ils auroient
reconnu les terreins que j'aurois rendus à l'A-
griculture, et en recommanda l'exécution au
Sous-Préfet. *Voyez cote* C.

C'est à lui que je dois et l'avis du Conseil général du Département , et d'avoir légalisé l'envoi, sur les lieux , de Commissaires nommés
par la Société libre à laquelle ils ont fait le
rapport que je joins à la seconde partie, sous
le n°. XXIII.

En un mot , il a voulu voir par lui-même
les lieux que j'avois cultivés , afin d'en rendre , en pleine connoissance , un compte exact
au Ministre de l'Intérieur, pendant le séjour
qu'il se proposoit de faire à Paris.

Qu'il a été bien secondé par le C. *Perthot* ,
Sous-Préfet de l'arrondissement communal de
Langres! *V. cote* B. Ce fut cet Administrateur
intéressant qui, le premier, couvrit mes entreprises de l'égide de la loi, par un arrêté du 16
Germinal an X, pour les sauver des efforts des
malveillans, et de la destruction méditée par
les ennemis du bien public. Je m'acquitte foi-
blement envers lui, en déclarant à cette Assemblée, que, sans son appui, et sa vigilante ac-

tivité , je n'aurois pu faire que quelques pas , aussi mal assurés qu'ils auroient été inutiles, dans la vaste carrière ouverte à mon amour pour l'Agriculture.

Pour bien apprécier tout son dévouement, je vous prie de jetter les yeux sur ses différentes lettres officielles que je produis ici sous la cote D qui les renferme, et de distinguer, parmi ses mesures , l'invitation qu'il m'a faite de visiter les marais de Chezeaux et la montagne du Cognelot, pour lui donner mon avis sur la possibilité et les moyens de féconder ces parties incultes.

Je ne pourrois , sans ingratitude, passer sous silence et vous laisser ignorer les efforts de la Société libre établie à Chaumont : dès sa naissance, elle fit un appel à tous les cultivateurs , et c'est à elle que je suis redevable de la récompense que j'ai reçue de vous , citoyens ; elle a bien voulu fournir au Préfet , qui vous les a transmis , les renseignemens que vous désiriez , pour établir mes droits au prix d'encouragement que vous avez accordé à mes premiers travaux.

Elle m'a honoré de sa confiance et du titre de son correspondant ; j'ai conçu qu'elle m'imposoit l'obligation de le mériter, et il ne

vous échappera pas qu'elle a eu pour but d'exciter , par cette nouvelle récompense , l'émulation de tous les cultivateurs. *Voyez cote* E.

Elle a manifesté son zèle par un acte remar-
quable, en nommant des Commissaires chargés
de visiter mes opérations , pour lui en faire
un rapport authentique ; c'est celui que je produis sous le n°. XXIII.

Sa correspondance avec le Ministre , avec
vous-mêmes , avec le Préfet, l'arrêté qu'elle
a pris sur le rapport de ses Commissaires , et
l'approbation du Préfet, vous feront mieux
l'éloge de l'un et de l'autre que tout ce que je
pourrois vous en dire.

Et je ne doute pas que vous ne considériez
comme un puissant moyen d'accélérer les progrès de l'agriculture, et de mettre à profit les
dispositions des esprits, celui de rendre pu-
blics , et ma méthode, et le tableau des ouvrages
auxquels je me suis livré.

Comment n'eussé-je pas réussi en procédant
ainsi sous l'œil et la protection du Gouvernement, sous l'autorité du Ministre, appuyé
par le Préfet et le Sous-Préfet, et par les Autorités locales !

Toutes les ressources sembloient , d'ailleurs , se réunir pour préparer mes succès. Le

C. *Thouin*, directeur du Jardin national des Plantes, me fournissoit les plantes, les arbustes, les semences qu'il avoit à sa disposition dans le Jardin national à Paris. J'ai reçu de lui quatre cents espèces utiles de toutes les divisions économiques, et c'est au milieu de vous que j'ai cru devoir faire éclater l'expression de mes sentimens de reconnoissance. *Voyez cote* F.

J'ai été également bien servi, dans le commerce par le C. *Warin*, marchand pépiniériste, à Rouen, qui m'a fourni les meilleures espèces de filets de Normandie.

Et les plantations que j'ai formées ont été mises sous la surveillance des gardes des forêts par le C. *Beugon*, inspecteur, à Langres, et l'un des Commissaires nommés par la Société libre de Chaumont. On ne peut pas apporter plus de zèle à la défense et à la conservation de mes travaux, que cet honnête Agent en a mis; tous les gardes qu'il inspecte ont ordre de garantir mes semis et plantations contre les tentatives des malveillans.

Sa conduite mérite d'être remarquée, et je désirerois qu'elle fût connue de tous les Agens forestiers dont le concours serviroit si utilement les améliorations de la culture.

Et les Maires des communes sur le territoire

desquelles j'ai fait des défrichemens , des des-
séchemens , avec quel zèle et quel courage
n'ont-ils pas exécuté les mesures de l'autorité
administrative ! Comme ils ont protégé mes
entreprises , et encouragé les cultivateurs !
leur dévouement est un exemple rare à pu-
blier dans toute la France , et l'effet en est in-
calculable si le principe en est émané du sein
de cette Assemblée. J'aurois ici consigné tous
leurs noms, si je n'avois pas dû les décliner
dans la seconde partie, en parlant , à chaque
article, des opérations particulières auxquelles
ils se sont livrés. Les véritables amis de leur
pays doivent être connus , et je me fais un devoir de m'acquitter envers eux de tous les services qu'ils m'ont rendus , par le concours de
leur autorité. Au moins ils seront remarqués
par le Gouvernement auquel vous les dési-
gnerez, et son œil , ouvert sur leurs actions ,
excitera continuellement leur vigilance. Les
autres chercheront bientôt l'occasion de se
faire distinguer à leur tour.

Je n'oublierai pas , dans cette seconde partie , les noms de ces intéressans cultivateurs
qui m'ont appelé sur leurs propriétés ; ils seront consignés dans chaque article du compte
que je vous rends.

Mais, comme l'onction de vos préceptes n'a pas pénétré les cœurs seuls des Administrateurs de tous les ordres de la Société libre, et des agriculteurs du Département, et qu'elle s'est encore répandue sur tous les Départemens de la République, qui ont connu ce que votre zèle avoit fait pour moi, je dois vous dire quels ont été les effets de votre bienfaisance.

L'Académie de Dijon a voulu connoître mes travaux ; les Sociétés libres de Strasbourg, de Nancy en ont pris les détails en considération ; les Préfets des départemens du Rhône, de la Haute-Saône et de la Marne, m'ont prodigué des témoignages de leur confiance. *Voyez cote* H.

La Société libre de la Nièvre m'a honoré du titre de son Associé-correspondant. Celle de Toulouse, département de la Haute-Garonne, en me demandant les Mémoires que j'ai publiés, m'a prodigué les choses les plus flatteuses.

Et j'ai recueilli, comme une récompense précieuse, les suffrages de quelques savans agronomes, tels que ceux des CC. *Bosc* et *Chassiron*, membres du Tribunat. *Voyez cote* G.

Un enfant, enfin, mais un enfant dont les heureuses dispositions et le zèle méritent d'être publiés, *le jeune Didier, fils aîné*, arpenteur-élève-géomètre, à Langres, pénétré de la lecture du rapport qui vous a été fait par le C. *Chassiron*, au nom de la Commission que vous aviez nommée, bien convaincu que mes occupations multipliées me laisseroient à peine le temps de lever les plans que je vous avois si solemnellement promis, a eu la générosité de m'offrir ses services, et le courage d'entreprendre la levée de ces plans.

Il m'écrivit de son propre mouvement, le 25 Ventose :

« Je sais que la direction de vos nombreux
» ateliers ne vous permet pas de lever vous-
» même ces plans, et je ne crois pas trop pré-
» sumer de mes foibles talens, en vous priant
» de m'admettre seulement en concurrence
» avec les différens jeunes gens qui se sont
» présentés à vous.

» J'attendrai avec inquiétude votre choix,
» je serois enchanté qu'il se dirigeât sur moi,
» tant j'ai d'envie de travailler sous vos or-
» dres, et de m'instruire gratuitement par
» vos bons exemples ».

Il fit appuyer cette lettre par son père : je la joins sous la cote K.; elle est accompagnée de deux certificats qui font mieux l'éloge de ce jeune homme, que j'ne le ferois moi-même.

Je ne balançai point sur le choix, je lui livrai ma confiance, et j'avois pour garant de ses talens le C. *Meschiny*, son maître, pour la levée des plans et le lavis, et le C. *Henriot*, son professeur à Langres, homme instruit dans les sciences exactes, et qui fait l'ornement du pays qu'il a peuplé d'élèves aussi savans qu'utiles.

Vous jugerez, citoyens, à l'inspection des plans que je dépose dans vos archives, et du mérite de cet élève, et combien il seroit digne d'être distingué. Il ne manque à ma satisfaction que d'être assuré qu'il aura conquis votre approbation, et que vous daignerez le recommander au Ministre de l'intérieur qui pourroit, dans sa justice, le rendre utile à la patrie, et soulager le père de famille auquel il appartient.

En publiant le rapport expositif de mes travaux, fait par le C. *Chassiron*, vous aviez pour but de propager les idées et les moyens de fertilisation; en appelant, sur l'agriculture, les dispositions des propriétaires, et l'attention du Gouvernement; en cherchant à former, sur cet art, une véritable opinion publique : vous pouvez déjà juger, par ces détails, des premiers effets de vos constans efforts.

SECONDE PARTIE.

Je me bornerai à vous présenter , dans ce chapitre, la nomenclature de mes travaux , sous une simple division numérique, et selon les lieux et les personnes. Il étoit impossible de l'assujétir à un autre ordre. Là , vous trouverez les plans réunis, sous chaque numéro , aux pièces justificatives.

TABLEAU DE MES OUVRAGES.

N°. Ier.

Melleville , commune de Saint-Martin-lès-Langres.

Ce beau domaine appartient au C. *Carcillon,* Il est un des premiers établissemens auxquels mes soins aient été dévoués avant la révolution. Vous avez déjà, citoyens, dans les archives de la Société , le détail et les preuves de ce que j'ai opéré sur le terrein. Il vous manquoit un plan géométrique : je le dépose dans ce sanctuaire, n°. Ier.

Vous remarquerez tout l'ensemble de cette propriété utile et agréable; elle a été visitée par la Commission nommée par la Société libre de Chaumont , de l'ordre du Préfet de la

Haute-Marne. Je joins le procès-verbal de visite, sous le n°. XXIII. Les Commissaires en
ont rendu compte en ces termes :

« Des plants, semés de peupliers, décorent
» les deux bords de la petite rivière de Mouche
» qui l'environne ; de grandes allées, formées
» de cette espèce d'arbres, annoncent la belle
» habitation du propriétaire ; d'autres servent
» de limites au domaine ; d'immenses vergers
» procurent un revenu certain, et sur-tout
» dans le voisinage d'une ville.

« Un ruisseau, amené d'un quart de lieue,
» sur le penchant d'une colline, se plaît à ar-
» roser, par de petites rigoles, quinze à vingt
» hectares de prairies artificielles ; arrivées,
» de-là, dans les bâtimens où elles se réunis-
» sent, ses eaux se distribuent dans les éta-
» bles et dans les écuries ; elles en couvrent,
» à volonté, tout le pavé, d'environ un dé-
» cimètre, ou quatre pouces ; puis, entraî-
» nant les principes contenus dans les engrais
» animaux, elles finissent par se confondre
» dans un réservoir commun, d'où on les tire
» pour subir, à l'air, différentes fermentations
» et combinaisons, et les eaux se répartissent
» au pied de chaque arbre fruitier, sur l'é-
» tendue de quatre hectares au moins.

» Malgré les ravages auxquels cette pro-
» priété a été exposée pendant la révolution,
» et son état d'abandon, elle est encore la plus
» belle qu'il y ait aux environs de Langres.
» Vous pouvez vous en convaincre par la seule
» vue du plan, comme les Commissaires l'ont
» reconnu à l'inspection des lieux ».

Nº. I I.

C'est encore de Melleville dont je vous
parle; parce que mes travaux ont été reconnus et constatés par les Maires et Adjoints de
la commune : ils en ont rendu compte dans
leur procès-verbal du 3o Brumaire, que je
joins sous le nº. II.

Ils certifient que j'étois à la tête des plantations et des améliorations qui se sont faites à
Melleville, appartenant an C. *Caroillon ;* que
j'ai établi des pépinières d'arbres fruitiers de
toute espèce, et de platanes, peupliers, etc.
qui ont parfaitement réussi.

Que par la régularité de ces plantations
dont j'ai couvert et enrichi un terrein d'environ cent hectares, je suis parvenu à rendre
ce sol, auparavant agreste, très-agréable.

Que j'y ai desséché des marais, et créé sur
les terres les plus ingrates, des prairies arti-

ficielles de tout genre, qui ont fourni beaucoup de produit.

Ces Maire et Adjoints attestent encore par
leur certificat, sous le même N°. II, qu'indépendamment des nombreuses entreprises que
j'ai faites dans leur commune et sur ce domaine, je dirigeois la conduite de cinq char-
rues, et que, quoique chargé de l'immense
exploitation, j'élevois des bestiaux dont je
m'étudiois à croiser les races, pour amener
les espèces à un état de croissance et de régénération.

Qu'à force de travail, de soins et d'indus-
trie, je suis parvenu à augmenter considéra-
blement le revenu de ce bien ; sans parler de
la valeur réelle que le sol a acquise par l'immense quantité d'arbres qui y existent et qui
sont aujourd'hui de la plus grande beauté.

N°. I I I.

Saint-Martin-lès-Langres : le C. Wichard.

J'avois fourni à ce propriétaire une quantité de filets de Normandie ; il lui restoit deux
cent petits pommiers que j'ai plantés sur le
territoire de cette commune. Le Maire atteste,

par

par son certificat, sous le N°. III, qu'ils ont poussé très-vigoureusement.

Observations.

J'ai promis de vous faire connoître les noms de ces Administrateurs, et j'ai du plaisir à les consigner ici : ce sont les CC. *Arminot*, Maire, et *Catherinet*, Adjoint ; et, depuis, le C. *Chapuzot*, Maire.

Dans la suite, je comprendrai ces noms sous le numéro auquel ils doivent appartenir.

N°. I V.

Le Gorgeot de Valpelle, commune de Brenne.

Ce terrein marécageux, fertilisé par mes soins, m'a valu les récompenses que j'ai obtenues de la munificence de cette Société libre.

Il vous manquoit la description géométrique de cet établissement, et je viens vous en offrir le plan, autant par devoir que par reconnoissance : il ne vous présentera que l'état actuel de ce terrein, autrefois inculte et dangereux ; mais, en l'examinant, je vous sup-

C

plie de remarquer la position des sources que j'ai su réduire , réunir et comprimer ; elle est indiquée par de petites lignes ponctuées.

C'est la première entreprise à laquelle j'ai osé me livrer depuis la révolution , et aussitôt que le Gouvernement, qui jette les bâses de notre bonheur , eut fixé ses regards sur l'état de l'Agriculture en France.

Ici , je dois le dire pour m'acquitter envers des Administrateurs , qui méritent d'être distingués pour leur zèle et leur sollicitude ; tous mes efforts eussent été inutiles, sans l'influence de la protection puissante que m'accordèrent , d'une part, le C. *Ligniville* , alors Préfet du département de la Haute-Marne , et aujourd'hui membre du Corps législatif , et , de l'autre , les mesures conservatoires que déploya le Sous-Préfet du troisième arrondissement, le C. *Berthot* , de Langres.

Le premier soutint mon courage, et me fournit des ressources, par l'appel qu'il fit à tous les cultivateurs pour les exciter à répondre aux vues du Gouvernement, en établissant des pépinières et plantant des arbres sur les communaux. Il fut approuvé par le Ministre de l'Intérieur, et la récompense la plus douce lui fut accordée, puisque le Ministre le proposa

comme un exemple à suivre à tous les Préfets
de Départemens.

Je joins sous ce numéro la correspondance
du C. *Ligniville*.

Le second sauva mes entreprises de la destruction dont elles étoient menacées par la
malveillance ; et pour les conserver, en même
temps qu'il en assuroit le succès, il déploya,
dans sa sagesse, une de ces mesures adminis-
tratives qu'il avoit à sa disposition, par un
arrêté du 16 Germinal an X, par lequel il les
rangea sous la protection des lois, et sous la
surveillance et la responsabilité des Adminis-
trations locales.

Je me borne à vous retracer ici, avec un
orgueil bien louable, sans doute, ce qu'en
dit le C. *Chassiron*, membre de cette Société,
dans le rapport qu'il fit au nom de la Commission que vous aviez nommée.

« *Doueite-Richardot* ne perd pas courage ;
» il prend à ferme, pour neuf ans, l'exploi-
» tation d'un bois nommé le Gorgeot de Val-
» pelle. Il propose au propriétaire de dessé-
» cher le marais : bientôt vingt-deux sources
» sont contenues, réunies dans un seul réser-
» voir, dont les eaux sortent, à volonté, pour
» l'irrigation. Trente-cinq mille pieds d'arbres

» y sont plantés ; le terrein attend soixante
» mille autres sujets ; et *Douette-Richardot*
» offre au propriétaire cent vingt myria-
» grammes de froment et autant d'avoine
» pendant vingt-sept années, pour la jouis-
» sance d'un terrein qui ne valoit, au plus,
» que 4 francs de revenu.

» La dépense totale de l'établissement a été
» de 4 à 5000 francs; les arbres seuls valent
» aujourd'hui le double de cette somme ; et
» la preuve que l'estimation n'est pas forcée,
» c'est que les offres ne sont pas acceptées
» par le propriétaire.

» Votre Commission ne doit pas vous lais-
» ser ignorer que les difficultés qu'opposoit la
» nature, ne furent pas les seules à vaincre.

» Ses premiers travaux furent détruits ; c'é-
» toit, dit-on, lui rendre service, le préser-
» ver de sa ruine totale : elle l'eût été, en
» effet, sans l'énergie du Sous-Préfet de Lan-
» gres, le C. *Berthot*, ex-législateur. Il osa
» défendre de fréquenter, soit de nuit, soit
» de jour, le Gorgeot de Valpelle, sans une
» permission du C. *Douette-Richardot*.

» Il chargea les gardes-champêtres de la sur-
» veillance, et heureusement ils obéirent.

» Sans leur activité, sans l'énergie du Sous-

» Préfet et des Municipalités, tout étoit dé-
» truit; vous n'auriez pas couronné les tra-
» vaux de *Douette-Richardot*; il n'eût pas
» été imité par beaucoup d'autres.

» Exemple frappant de ce que pourroit
» pour l'Agriculture l'appui des lois et de
» l'Administration publique; sans lequel la
» propriété ne peut se relever, et l'Agricul-
» ture faire des progrès en France !!! »

Après cette citation, il ne me reste plus
qu'à vous rendre compte de la situation ac-
tuelle de cet utile établissement dont je viens
de vous offrir le plan géométrique. Voici
dans quel état l'ont trouvé et le Maire de la
commune de Brenne, et les Commissaires
nommés par la Société libre de Chaumont, les
26 Brumaire, 20 et 25 Thermidor derniers.

Par leur premier certificat, les CC. *Destourbets*, Maire, et *Petit*, Adjoint, attestent que, depuis trois ans, j'ai des ateliers
établis sur divers points de leur territoire;
que j'y ai mis des ouvriers occupés à défricher
des terres incultes, à dessécher des marais
d'une étendue considérable, sur lesquels j'ai
fait dans l'année une récolte abondante en
grains de toute espèce; que j'y ai établi des
pépinières, dont les sujets sont de la plus

belle venue ; qu'enfin le résultat de mon activité a étonné tous ceux qui avoient auparavant
connu le terrein.

Par le second certificat , le C. *Destourbets*,
Maire , atteste seul , que j'ai fait planter au
Gorgeot de Valpelle, en Ventose précédent ,
plus de douze mille peupliers d'Italie , qui ont
parfaitement réussi , et dont la pousse est vi-
goureuse , et que j'ai semé sur le même terrein
beaucoup d'acacias qui sont parfaitement
venus.

Enfin , voici le jugement des Commissaires ,
dans leur rapport fait à la Société libre de
Chaumont.

« L'établissement des peupliers du Gorgeot
» de Valpelle de trente à trente-cinq mille , a
» été porté , au printemps dernier , à cinquan-
» te-cinq mille ; le terrein est disposé pour en
» recevoir soixante mille autres.

» On distingue , dans les portions destinées
» aux céréales, un beau froment, un superbe
» orge que sa situation a permis d'entretenir
» frais pendant les trop grandes chaleurs.
» D'autres parties sont en avoine ; le reste
» en lentilles , choux, haricots ; le tout dans
» les lieux où il existoit auparavant un ma-
» rais impraticable.

» Un seizième d'hectare , après avoir été
» coupé à la bêche et brûlé , a été semé en
» acacias ou robiniers , et ces arbustes ont
» bien réussi.

» La distribution des eaux est faite avec
» beaucoup d'art : les petits ruisseaux, qui
» traversoient les bois environnans , se char-
» gent, à cause de leur pente , dans les gran-
» des pluies , d'une bonne terre végétale ,
» que le C. *Douette-Richardot* fait déposer
» dans un grand bassin, avant que ces eaux ne
» se réunissent au grand fossé du centre. Ces
» dépôts exposés aux gelées, forment un en-
» grais de première qualité au printemps
» suivant ».

Le Conseil général du Département , auquel
le citoyen Préfet avoit adressé une lettre rela-
tive à mes travaux et défrichemens , étant assuré de mes opérations , et que ce terrein étoit
auparavant d'un produit nul , et que par mes
efforts il a acquis une valeur importante, a ap-
plaudi à mes succès.

L'extrait du procès-verbal de sa session qui
m'a été transmis par le Préfet , le plan et les
pièces à l'appui , seront produits sous ce
N°. IV.

N°. V.

Commune de Brenne : le C. le Boulleur.

Appelé par ce propriétaire, j'ai établi un attelier d'ouvriers que j'ai occupés à faire une plantation d'arbres forestiers : elle est des plus considérables et des mieux ordonnées.

J'ai eu la satisfaction, dans cette entreprise, de procurer aux ouvriers de cette commune, une occupation qui leur a fourni des ressources pécuniaires, dans une année où la rareté et la cherté des comestibles menaçoient leur existence et empêchoient les autres particuliers de faire travailler.

C'est ce qui est attesté par le certificat du C. *Destourbets*, maire de la commune, et du C. *Petit*, adjoint, produit sous le N°. V. et ce qui a été reconnu par les commissaires nommés par la Société libre de Chaumont, qui ont déclaré qu'à Brenne, dans le jardin du C. *le Boulleur*, j'avois joint l'utile à l'agréable dans la distribution des plattes-bandes, des carreaux, celle des massifs de verdure, et des berceaux d'arbres fruitiers.

N°. V I.

Ferme du Val - Donne , Commune de Humes.

Le C. *Wichard* , propriétaire , cultivateur aussi recommandable qu'il est ami de
l'Agriculture et jaloux de la richesse et de la
prospérité du pays , me demanda des arbres
fruitiers de Normandie pour être plantés en
pépinières. Il reconnoît que je lui en ai fourni
au nombre de quinze cents , que j'avois obtenus du C. *Varin* , de Rouen , sur les
sujets duquel on peut se reposer , qu'il les
a plantés selon ma méthode , et qu'ils ont
réussi.

Mais j'avois précédemment entrepris et exécuté pour lui la mise en culture de sa ferme de
Val-Donne.

Le C. *Dauvé* , Maire de la commune ,
vint à ma requisition , et sur la lettre du sous-
préfet , constater l'ancien état des lieux. Il
reconnut un terrein d'environ six hectares ,
tant en terres , brossailles , bois broutés , que,
torts et morts , chargé de haies , de pierres , de
roches , et terminé au levant par des rochers
escarpés , ce qui lui a fait dire dans son procès-verbal , qu'il ne présentoit qu'un ou-

vrage redoutable pour tout autre que pour moi.

Il vit quelques ouvriers occupés à extirper les troncs des vieux arbres, en fouiller la terre et la roche à trois pieds, en sa présence.

Mais en Thermidor, y étant retourné en même-temps que les membres de la Commission, il reconnut son bon état de culture.

Et dans une troisième visite, il remarqua que j'y avois encore fait planter, depuis, huit cent pommiers de Normandie qui avoient bien poussé.

Les commissaires attestèrent ensuite dans leur rapport à la Société libre que, « il leur a
» été d'autant plus facile de juger des travaux
» du Val - Donne , sommet d'une montagne
» aride, jusqu'alors inculte, qu'il reste encore
» une certaine étendue de terrein à défricher ,
» et que les pierres extraites ne sont pas encore
» totalement rassemblées.

« Ce défrichement , continuent - ils, pré-
» sentoit des difficultés effrayantes : au seul
» aspect du terrein , tout autre que *Douette-*
» *Richardot* , eût renoncé à en tirer parti.
» Une carrière immense occupoit le sol , em-
» barrassé d'une multitude d'épines dont les
» racines plongent d'un mètre dans les scis-

» sures des rochers ; des blocs de pierre que
» deux hommes pouvoient à peine rouler
» étoient disséminés sur la surface.

« La carrière est disparue ; les épines sont
» arrachées, et six hectares de terrein applani,
» recevront, au printemps prochain, tous
» les genres de semences qu'on voudra leur
» confier.

« Pour achever cet ouvrage , le C.
» *Douette - Richardot*, nous a fait obser-
» qu'il restoit au citoyen *Wichard*, proprié -
» taire , à disposer sur les limites de ce défri-
» chement qui touche aux communaux d'Ilu-
» mes , les pierres amassées , sans ordre, dans
» le centre , et que cette distribution serviroit
» de clôture au terrein et de barrière aux
» troupeaux.

» Dans la ferme, dont ce défrichement fait
» partie , une superbe plantation de deux cent
» noyers parfaitement repris , et formant une
» vaste allée , utilise un rideau considérable ,
» n'offrant jusqu'alors que les maux de la sté-
» rilité , et abandonné au parcours.

» Dans le même local , une pépinière de
» robiniers ou faux acacias , de pommiers et
» de poiriers de Normandie , s'élève égale-
» ment sous la direction du C. *Douette Ri-*

» *chardot*, pour être transplantés sur les flancs
» arides du même côteau ».

Pour vous mettre à portée de juger cette
opération, je n'ajouterai à ces détails que le
plan que je produis sous le n⁰. VI, avec les
pièces à l'appui.

N⁰. V I I.

Commune de Humes : le C. Royer.

J'ai, pour ainsi dire, improvisé les [chan-
gemens avantageux que j'ai opérés dans les propriétés de ce bon citoyen. Voilà pourquoi je ne
rapporterai encore ni certificats des Administrateurs locaux, ni autres pièces authentiques.

Je n'ai eu que le temps de répondre à ses desseins, et de lever le plan de sa maison, des
vergers, des prairies artificielles, des plantations qui y tiennent, et de l'état de la rivière
de la Marne qui les traverse et les arrose. Je
les dépose sous ce n⁰. VII.

Je me borne donc à transcrire ici ce qu'en
ont pensé les Commissaires, à l'inspection des
lieux, et sur la visite de mes ouvrages.

« A Humes, disent-ils, le C. *Royer* possé-
» doit, derrière sa maison, un sol aride, sec
» et pierreux, dont on n'avoit pu tirer au-
» cun parti. Il a appellé le C. *Douette-Ri-*

» *chardot*. Une belle prairie artificielle, et
» des arbres vigoureux cachent maintenant la
» nudité de ce terrein sous une utile verdure;
» le propriétaire industrieux, sous la direc-
» tion du C. *Douette-Richardot*, se propose
» de détourner le cours de la Marne dans son
» jardin. Cette opération, en embellissant sa
» propriété, donnera plus de pente à la ri-
» vière qu'il environnera de peupliers; des
» espaces sont destinés à des plants de robi-
» niers et d'arbres de Normandie ».

N°. VIII.

Gorgeot de Servain : commune d'Aprey et Villers-lès-Aprey.

« A Servain, continuent les Commissaires de
» la Société libre de Chaumont dans leur rap-
» port, à Servain, un marais, formé par qua-
» tre-vingt fontaines, rendoit impraticable un
» bois appartenant au C. *d'Hérain* : *Douette-*
» *Richardot* est appellé par ce propriétaire; les
» quatre-vingt fontaines, d'abord réduites en
» trente-deux rigoles, coulent, au gré du pro-
» priétaire, sous la terre, ou en arrosent la
» surface; et se réunissent, au centre du val-
» lon, dans un seul cours, creusé en ligne

» droite sur une longueur de cinq cent mètres,
» orné de deux larges marchepieds, bordé,
» des deux côtés, de huit allées de peupliers,
» au nombre de douze mille, de la plus belle
» espérance. Le terrein est préparé pour en
» contenir trente mille autres. Les portions
» adjacentes, qui font partie du dessèche-
» ment, présentent une belle récolte en vesce,
» avoine, orge, pommes de terre, choux,
» haricots. La situation du terrein a permis
» de donner la plus grande régularité à cette
» entreprise qui n'est point encore achevée,
» et dont les parties inférieures peuvent rece-
» voir le plus grand développement ».

Un certificat du propriétaire atteste que je lui ai fourni les sujets et plants d'arbres frui- tiers, tirés de Normandie, et qu'il a fait re- planter selon ma méthode, tant à Servain, qu'à Villers-lès-Aprey.

Et le Maire de la commune d'Aprey, le C. *Husson*, déclare que, s'étant transporté dans les propriétés du C. *d'Hérain*, où j'ai considé- rablement fait travailler, l'année dernière, pour assainir un marais à Servain ; il a reconnu les douze mille peupliers d'Italie que j'avois fait planter en cette année, très-vivans et d'une belle venue.

Il ajoute qu'il y a trouvé du terrein préparé pour en planter encore trente mille ,

Et qu'une grande partie du marais est couverte d'une belle récolte en orge, pommes de terre, choux, haricots, etc., etc.

Il certifie de plus qu'il a reconnu des semis d'acacias sur les terreins du C. *d'Hérain*, qui ont parfaitement réussi.

Je vous soumets le plan géométrique de cette entreprise, l'une des plus importantes dont je me sois occupé : il représente son état actuel, et vous y remarquerez, à la simple inspection, le canal et ses bordures, avec l'indication des trente-deux rigoles, nombre auquel j'ai réduit les quatre-vingt sources; elles sont indiquées par des lignes ponctuées.

N°. I X.

Servain et Villers-lès-Aprey.

Indépendamment du Gorgeot de Servain, j'ai mis en culture, à côté de cette ferme, un terrein, divisé en plates-bandes, sur lequel repose et prospère une pépinière d'acacias, et une autre de filets de Normandie.

Les Commissaires en ont fait la visite, et en déposent en ces termes :

« Il a été planté à Villers , ainsi qu'à Ser-
» vain , des robiniers, des arbres de Norman-
» die ; les uns et les autres sont en très-bon
» état ».

Je n'ajoute à cela que le plan géométrique
de ces nouvelles plantations , qui se trouvera
sous ce n°. IX.

N°. X.

Les Jacobins ou les Dominicains de Langres.

Le C. *Regnault* aîné , marchand de bois ,
à Langres, avoit acquis , dans l'intérieur de
cette commune, tout l'emplacement occupé
par l'ancien couvent de ces moines. Ce terrein
ne présentoit que les ruines désagréables de
la maison et de ses dépendances , de l'église et
du cimetière : il s'agissoit de l'utiliser pour
son profit, et de le rendre agréable pour l'em-
bellissement de la ville. Il me consulta sur la
possibilité de défricher cet emplacement ; j'ap-
plaudis à ses vues.

Le C. *Claude Petilot* aîné, Maire de la ville,
vint sur les lieux ; il en reconnut l'état par son
procès-verbal.

Les Commissaires, envoyés par la Société
libre de Chaumont, s'y sont transportés, et
voici le compte qu'ils en ont rendu :

» Les

« Les travaux auxquels le C. *Douette-Ri-*
» *chardot* a encore présidé , à Langres, ne
» peuvent être mieux appréciés , que par les
» expressions du Maire de cette commune ,
» qui atteste avoir trouvé le C. *Douette-Ri-*
» *chardot* , s'occupant de faire enterrer des
» décombres , combler des caves , sur un ter-
» rein d'un hectare cinquante ares , provenant
» des bâtimens démolis des ci-devant Domi-
» nicains. Il a reconnu qu'il ne falloit rien
» moins que son activité et ses lumières , pour
» exécuter cette entreprise , et il déclare , en
» outre , qu'il y a trouvé les ateliers suffisam-
» ment garnis d'ouvriers occupés à enlever
» ces décombres.

» Ces Commissaires ont trouvé que les cinq
» sixièmes de l'ouvrage étoient faits , et que
» plus de moitié du terrein étoit plantée de
» jeunes arbres d'une belle venue ».

L'inspection seule du plan joint à ce n°. X,
vous mettra à même de juger de mes opérations sur ce terrein.

N°. XI.

Commune de Bourg ; propriété du C. Richardot,
père.

Vous trouverez aussi , sous çe n°. XI, le

plan d'un jardin et de quelques vignes , ap-
partenans à mon beau-père. Il développera ,
sous vos yeux , les pépinières et les plantations dont je me suis occupé sur ses propriétés.
Je vous prie seulement de remarquer comment je me suis approprié les eaux.

L'Adjoint de la commune , le C. *Cressot* ,
faisant les fonctions de Maire , s'est transporté
sur le terrein qu'il a examiné : il a reconnu
que j'y avois fait exécuter une plantation assez considérable d'arbres à fruit en espaliers ,
et en plein vent, qui tous sont repris;

Que j'y ai également fait planter des filets
de Normandie , pour une pépinière de pommiers et de poiriers qui poussent parfaitement,

Et de quinze cent noix , en pépinière, dont
aucune n'a manqué la pousse ;

Que , dans un parc, j'ai fait semer, dans
les places vides de bois , des arbres de différentes espèces ;

Et enfin que , dans son jardin , j'ai formé
quelques prairies artificielles.

Les Commissaires rapportent aussi que :
« à Bourg, chez le C. *Richardot* , père, huit
» cents arbres fruitiers sont plantés dans les
» clos, vignes et jardins. Une pépinière de
» quinze cent noyers s'élève près d'une autre

» moins considérable de pommiers et de poi-
» riers de Normandie. Différentes graines d'ar-
» bres forestiers, indigènes et exotiques ont
» été semées en pleine terre et sans motte, dans
» un bois , appelé le *Parc* , sur le même
» territoire ».

N°. X I I.

Commune de Bourg ; le C. Richardot , *fils.*

Dans un jardin appartenant à mon beau-
frère , sur le territoire de la commune ; le
citoyen *Cressot* , adjoint, faisant les fonctions
de Maire , a reconnu une plantation de six
cents cerisiers que j'avois commencée en Ventose , et dont très-peu ont manqué , malgré la
sècheresse.

Les commissaires en ont également fait la
visite , et je joins le plan aux pièces sous
ce N°. XII.

N°. X I I I.

Commune de Hortes ; le C. Barrillot.

Le procès-verbal des commissaires constate
que dans leur course civique , ils ont visité les
propriétés de ce cultivateur , et qu'ils y ont
reconnu un terrein qui étoit préparé pour recevoir des robiniers et une plantation de peupliers , à la première occasion. Je vous ren-

drai un compte plus détaillé des succès de
cette opération , et je l'appuierai de pièces
authentiques.

N°. XIV.

Commune de Marac ; le C. Étienne.

J'ai été consulté par ce cultivateur , il a tra-
vaillé sous ma direction, et le C. *Mielle*, Maire,
visitant le terrein , y a trouvé cinq cent pieds
d'arbres fruitiers , sur un terrein très-aride et
sans valeur , dont la plus grande partie a réussi,
malgré la sécheresse.

« A Marac , disent les commissaires , dix
» hectares du sol le plus ingrat et le plus pier-
» reux , commencent à se revêtir d'arbres frui-
» tiers , principalement d'arbres à noyaux , et
» le sainfoin croît sur ce terrein qui repous-
» soit , jadis , toute espèce de production. »

N°. XV.

Commune de Marnay ; le C. Claude Sauvage.

« On peut se convaincre, ajoutent les mêmes
» Commissaires , de la difficulté de certaines
» entreprises du citoyen *Douette-Richardot,*
» par celle projettée à Marnay. Un sol dont
» on ne tiroit que de la pierre pour les rou-
» tes , va devenir un jardin. Les pierres com-

» mencent à s'extraire : celles propres à la bâ-
» tisse sont disposées pour la clôture. Une
» terre végétale couvrira le roc, et les légu-
» mes ainsi que les arbres croîtront sur ce sol
» abandonné. Les propriétaires de beaucoup
» de terreins semblables et voisins, imiteront
» sûrement cet exemple. »

Le C. *Sauvage*, Maire de la commune,
déclare : « qu'il a reconnu un terrein inculte,
» extrêmement aride, inégal et couvert de
» pierres, qui servoit jadis de carrière, et dans
» lequel il existoit, enfin, très-peu de terre,
» et il certifie que, sous ma direction, le pro-
» priétaire entend l'améliorer, le clorre d'a-
» bord, l'épierrer ensuite ; le défricher enfin,
» et le couvrir d'arbres fruitiers, de prairies
» artificielles et de différentes espèces de plan-
» tes potagères; »

« Que, depuis plusieurs jours, des ouvriers
» travaillent à cette amélioration ».

N°. X V I.

Commune de Progney.

Ici je ne rapporte ni certificats, ni plans géométriques ; c'est au temps qu'il faut s'en prendre : et je réparerai cette faute : mais il n'est

pas moins constant que j'ai fait opérer sur le
terrein commun, des changemens avantageux
que les Commissaires ont visités, reconnus et
constatés.

« Les habitans de la commune de Progney,
» lit-on dans leur rapport, possédoient des
» prairies en marais du plus foible rapport. A
» peine y croissoit-il un chétif gramen que
» nous avons jugé ne pas valoir les plus petits
» frais de récolte. Ces habitans, instruits que
» le C. *Douette-Richardot* avoit brûlé le
» marais de Valpelle, se sont informés près
» de lui si cette opération réussiroit égale-
» ment sur le leur, et d'après sa réponse af-
» firmative, ils ont desséché et brûlé leur
» marais.

« Vingt-cinq hectares, que nous avons vus,
» présentent aujourd'hui une récolte de chan-
» vre et de froment dont le prix excède vingt
» fois les avances et la valeur du terrein.

« Il est possible que cette fertillité extraor-
» dinaire ne dure que quelques années ; mais
» lorsqu'elle diminuera sensiblement, on peut
» la réparer par plusieurs moyens faciles à
» pratiquer. Tous les propriétaires qui travail-
» loient à défricher et brûler cette prairie,
» nous ont assuré que jamais elle n'avoit valu

» 25 fr. l'hectare , et son produit annuel sur-
» passe toute espérance. »

N°. X V I I.

Commune de Voisines, Propriété personnelle.

Je ne puis encore mettre sous vos yeux , à
propos de ces propriétés, que l'extrait des con-
trats d'acquisition , et le sentiment des Commissaires de la Société libre de Chaumont , qui
ont visité et constaté mes premières opérations sur ces terreins.

» Les moyens, disent-ils , que le citoyen
» *Douette-Richardot* , employe dans ses tra-
» vaux, se modifient en raison de la nature
» des terres et de leur situation.

« Au centre d'un bois , territoire de Voi-
» sines , dans un vallon profond , il a acheté
» un marais abandonné qui , depuis dix ans,
» ne payoit pas d'impositions.

« Les travaux préliminaires pour parvenir
» au desséchement , sont dans leur espèce et
» leur distribution , différens de ceux em-
» ployés à Servain et au Gorgeot de Valpelle ;
» ils n'en réussiront pas moins, ce terrein in-
» grat sera rendu à l'Agriculture au prin-
» temps prochain. »

Je serai exact à vous rendre compte des

procédés que j'aurai mis en pratique, et j'en justifierai les résultats par l'attestation des autorités locales.

N°. X V I I I.

Commune de Balesmes ; la Marnotte, appartenant au **C.** Vernisy.

Le **C.** *Minot ,* Maire de cette commune, s'est fait un devoir de visiter mes Ouvrages sur cette propriété, et il atteste que : « de concert » avec le citoyen *Vernisy ,* j'ai fait des plan- » tations assez considérables en arbres frui- » tiers, et de cent petits pommiers de Norman- » die qui ont parfaitement réussi. »

Voici ce qu'en ont dit les commissaires qui les ont visitées :

« La Marnotte, ainsi appellée de son voisina- » ge des sources de la Marne, est une jolie pro- » priété. Tous les soins du possesseur de ce » domaine sont dirigés vers son amélioration. » De concert avec le **C.** *Douette-Richardot,* il » a couvert les environs de son habitation, d'ar- » bres fruitiers de toutes espèces : il s'y trouve » un plant de robiniers, de jeunes arbres de » Normandie, un semis de grand nombre d'ar- » bres et arbustes, presque tous exotiques, » provenant de la bienfaisance du **C.** *Thouin*

» aîné , directeur-général du Jardin national
» des Plantes , qui en avoit fait présent au C.
» *Douette-Richardot.* »

N°. X I X.

Marais de Chezeaux , Commune de Chezeaux.

Le conseil - général du département de la Haute - Marne , assemblé en l'an X , prit en considération le desséchement des marais, en général. Il s'arrêta , sur - tout , sur celui de Chezeaux, le plus grand de tous ceux qui existent encore sur son territoire.

On y convint que ce desséchement étoit extrêmement difficile à effectuer, parce qu'il fut remarqué que ce marais n'étoit pas formé des eaux extravasées de leur lit ordinaire, mais bien par une multiplicité de sources qui sortant de terre, s'arrêtoient sur un terrein bas, noir et fangeux, exhalant, sans cesse, un gaz méphitique dont la mauvaise odeur se répandoit dans tous les environs, sur - tout lorsque l'air étoit supersaturé d'eau. Il fut reconnu que la terre de ce marais est sans consistance, et que les fossés qu'on y pratique se remplissent bientôt d'eux-mêmes, il a cela de particulier qu'il occupe le milieu d'une prairie dont le sol est généralement plus bas que le fond même et que le lit de la rivière qui le longe en partie.

On observera qu'il y avoit trente ans qu'on avoit pensé qu'en pratiquant des fosses transversales dans toute l'étendue du terrein jusqu'à la rivière, on pourroit réussir à l'assainir ; mais le résultat de cette opération, dispendieuse d'ailleurs, et, peut-être aussi mal dirigée, ne fut autre que de développer les germes d'une maladie épidémique qui, dans le seul village de Chezeaux, enleva soixante chefs de famille en trois mois, et ruina entièrement tout le pays.

Ce Conseil général crut que le seul moyen de l'assainir, seroit de creuser un lit à la rivière, au milieu même de ce marais, et de conserver le lit ancien pour servir d'écoulement aux eaux :

Que pour la conservation des habitans et de leurs bestiaux, pour rendre au pâturage une assez grande étendue de terrein, il seroit nécessaire d'en faire examiner le site et la nature par des gens de l'art, qui proposeroient leurs vues sur les moyens les plus propres à cette opération.

Et il prioit le Gouvernement de prendre cet objet en sérieuse considération , et de s'en faire rendre compte par l'ingénieur en chef.

Le C. *Berthot* , Sous-Préfet de l'arrondissement de Langres, dans lequel Chezeaux est situé , me fit l'honneur de m'écrire , le 21 Germinal, et me témoigna son désir de rendre enfin ce marais à l'Agriculture : il m'invita à le visiter et à lui donner mon opinion sur la possibilité de son desséchement , ainsi qu'un aperçu des travaux et de la dépense qu'ils occasionneroient.

J'allai visiter les lieux à différentes reprises : cet examen me convainquit que l'entreprise étoit difficile , mais non pas que les difficultés fussent insurmontables. Je crus donc devoir lui soumettre les réflexions qu'il attendoit de moi , et je les détaillai dans un Mémoire que je soumis à sa sagesse.

Je lui fis remarquer que Chezeaux présentoit un pré en marais , d'environ quatre-vingt fauchées , dont le tiers seulement appartenoit à la commune , et le reste au C. *Bovier* , ci-devant seigneur.

Que dans un grand nombre de ses points , on distinguoit d'assez bonnes prairies naturelles qui le touchoient en l'environnant , et

qui, par une singularité physique, se trou-
voient sensiblement plus basses que le marais,
et qu'au milieu de ce marais, rempli de mousses, de glaïeuls, de joncs et de roseaux, il y
avoit des parties formant bosse, dont la plus
grande élévation étoit plus marécageuse que
les portions inférieures.

De tous ces accidens, et notamment de l'é-
lévation du marais au-dessus de la prairie et
des deux rivières voisines, je tirai la conséquence que toutes les parties humides pouvoient être évacuées par de larges et profondes
saignées dirigées sur les deux cours d'eau.

Mais pour opérer un desséchement complet,
je pensai qu'il falloit commencer par le tra-
verser de cinq grands fossés parallèles, dont
la profondeur et l'ouverture seroient variées,
selon l'élévation des lieux. J'estimai les plus
profonds à deux mètres trois décimètres de
largeur à l'ouverture, et cinq décimètres
seulement à la partie inférieure.

Dans un terrein aussi mouvant, dans lequel
les conducteurs de troupeaux m'avoient assuré
que les bêtes enfonçoient souvent jusqu'au
ventre, mon avis fut qu'on ne pouvoit donner
aux fossés un trop grand talus, afin que les
eaux et les gelées entraînent moins aisément

les terres des bords qui avoient si peu de consistance.

Je lui fis remarquer que ces cinq fossés ne
suffiroient pas pour assainir complètement la
portion qui appartient à la commune ; et, pour
y parvenir, je lui dis que je pensois que,
vingt jours après leur confection, il faudroit
prendre la précaution de reconnoître les parties qui offriroient encore quelques fontaines,
ou seulement des suintemens, et leur ouvrir,
par un petit fossé, un passage libre à travers
les mousses et les joncs, afin de les diriger sur
celles des rivières vers lesquelles elles auroient
plus de pente.

Il n'avoit pas échappé à mon examen, que
ce terrein marécageux offroit de la tourbe, et
je lui ajoutai que, si, ainsi assaini, au lieu de
le destiner à des prairies naturelles ou artificielles, ou à des plantations plus salubres encore, telles, par exemple, que des productions alimentaires de l'homme, on vouloit
tenter d'en tirer parti sous le rapport de la
tourbe, il n'étoit pas douteux qu'on ne réussît
à en extraire en grande quantité : mais je
m'empressai de lui observer, qu'outre que le
procédé de l'extraction seroit très - dispendieux, n'étant pas plus connu dans le pays

que l'usage de la tourbe même, après avoir beaucoup dépensé sans un produit marquant, il resteroit au-delà un terrein mal-sain, qui finiroit par se remplir promptement de joncs et de glaïeuls après l'extraction ; et j'avois pour but de l'amener à conclure, comme je le pensois ; qu'il ne falloit pas s'arrêter à la tourbe, parce qu'un des avantages le plus précieux à saisir, après le desséchement, devoit être la salubrité rendue à l'air et la santé aux riverains, particulièrement aux habitans de Chezeaux. Je m'appliquai à lui démontrer que cet avantage ne seroit pas l'unique ; car ces terreins privés de l'eau surabondante qui leur nuisoit, offriroient incessamment des récoltes de toute espèce en grains farineux, plantes textiles, prairies artificielles, bois de différente nature, tels que saules, peupliers, aulnes, osiers, trembles, bouleaux, frênes, etc., bois tels qu'ils ont le mérite reconnu de procurer et d'entretenir la salubrité de l'air.

Après cela, je crus devoir prévenir ce Sous-Préfet que pour tirer un vrai produit de ce terrein, je pensois que les premiers travaux ne seroient pas suffisans, et qu'il faudroit encore que, dégagé de son humidité, et ne restant pas moins couvert de mousses et de ro-

seaux, qui raviroient aux plantes et aux semences les sucs nécessaires à leur végétation,
ce terrein fût soumis à une opération telle
que celle, par exemple, de s'emparer de ces
racines parasites et de les réduire en cendres
sur le sol qu'elles fertiliseroient.

Je lui développai la manière de se procurer
ces cendres, et lui indiquai qu'il y parvien-
droit en coupant ou en levant la superficie
avec un grand fer de bêche, et je l'avertis que
cette opération ne devoit se faire qu'au printemps ; et comme il falloit éviter que la fumée
ne fût poussée sur les deux villages voisins, je
lui dis, à ce sujet, qu'il seroit indispensable
de saisir le souffle de l'est au sud-est, parce
que le midi infecteroit Chezeaux, le nord infecteroit Champigny, et que l'ouest, trop hu-
mide, éteindroit les feux. J'ajoutai que, pour
préparer ce brûlement, il falloit accumuler,
de la hauteur d'un mètre ou d'un mètre et
demi, ces espèces de gazon disposé en cône
creux, dont cinq à six mille suffiroient ; et ,
par un calcul approximatif, je lui fis concevoir
que ces cônes brûlés pourroient rendre chacun
une quarte et demie de cendres.

Pour porter mes réflexions plus loin, je
raisonnai d'après l'analyse chimique de cette

terre avant d'être brûlée et après l'avoir été.
Je ne lui dissimulai pas qu'elle m'avoit fourni
des produits un peu différens ; mais j'insistai
d'autant moins , à cet égard , que les uns et les
autres résultats m'avoient indiqué une bonne
qualité de terre , et je l'assurai que je n'avois
pu douter de sa bonté , à l'inspection seule du
superbe gramen crû , sans préparation , sur
la terre des fossés actuellement déposée en
talus sur les bords.

Je l'assurai , de plus, que peu de productions refuseroient de croître , après ces prépa-
rations , qui m'avoient d'ailleurs réussi à Servain et au Gorgeot de Valpelle.

En effet , ces procédés, avec peu de modifi-
cations , peuvent être employés dans tous les
marais susceptibles d'assainissement.

Je revins ensuite à la dépense approximative
que cette opération pourroit exiger sur le marais appartenant à la commune. A mon sens ,
ces avances s'élèveroient à 2000 francs. Celles
à faire pour la propriété du C. *Bovier* seroient
proportionnelles en raison de l'étendue du
terrein ; mais elles ne rentreroient toutes qu'au
bout de huit à neuf ans.

On pourroit confier cette entreprise à un
tiers ; mais j'ai pensé qu'il ne seroit possible

de s'en charger qu'avec un bail à longues années, de trente-six à quarante ans, sous une
redevance envers la commune, de 50 à 60
francs par an, à la charge, à la fin du bail, de
remettre le domaine en nature de prés et de
terres arables ; enfin, en plein rapport, et
avec un nombre de pieds d'arbres, qui seroit
déterminé pour la quantité commepour l'âge.

J'ai fini ma réponse au Sous-Préfet par des
offres de traiter, sous ces conditions, dans
le cas où personne ne demanderoit la préférence.

Elle contient beaucoup d'autres détails que
j'ai supprimés, parce que, comme elle a été
imprimée, j'en joins un exemplaire sous ce
No. XIX.

Le Préfet du Département, auquel ces vues
et ces moyens ont été communiqués, a invité
la commune à prendre un parti définitif. J'attends qu'elle l'ait pris pour me décider. En
tout cas, si l'opération a lieu, comme le bien
du pays le recommande absolument, j'aurai
soin de vous rendre compte de ses résultats qui
serviront, en quelque chose, à l'exécution
de vos vastes desseins sur l'amélioration de
l'Agriculture.

N°. X X.

La montagne du Cognelot, communes de Balesmes, de Chalindrey et du Pailly.

A peine la Société libre fut-elle établie à Chaumont, que le C. *Varney*, Professeur à l'École centrale du Département et membre de cette Société, fixa ses regards sur cette montagne, et l'entretint de la nécessité de l'utiliser. Je crois aussi de mon devoir de vous la faire connoître, pour vous rendre plus sensible le jugement que j'en ai porté, après l'avoir examinée.

C'est une ramification de cette montagne de Langres, que *Buffon* regarde, avec raison, comme le point culminant de l'ancienne Champagne : elle y tient par le sud-ouest ; au sud, à l'est et à l'ouest, elle domine des plaines auxquelles elle se réunit, tantôt par des déclivités peu rapides, tantôt par de brusques escarpemens. Sa longueur est de deux mille neuf mètres (sept cent cinquante toises de huit pieds quatre pouces), sa plus grande largeur est de huit cent mètres, et sa plus petite de cinq cent soixante-dix.

Des vignobles estimés couvrent sa pente orientale.

Elle paie son tribut aux deux mers ; ses sources, d'un côté, coulent dans la Saône, et de l'autre, dans la Marne.

Cette montagne, nommée *le Cognelot*, est indiquée, sous la même dénomination, dans les cartes de *Cassini* : elle appartient aux communes de Balesmes, de Chalindrey et du Pailly.

La portion, qui se trouve sur le territoire de Balesmes, est boisée de temps immémorial.

Chalindrey ne possède que la pointe septentrionale, avec les vignes qui tapissent le revers oriental de la même contrée.

Les autres vignes et le reste du plateau sont compris dans le territoire du Pailly.

C'est sur ce plateau que le C. *Varney* a proposé de planter des chênes, des hêtres, des ormes, des frênes, des charmes, des châtaigners, des acacias.

Il appeloit, à l'appui de son opinion, les faits et l'expérience.

« Les agronômes savent, disoit-il, que les
» forêts croissent dans les terreins les plus ari-
» des ; mais, quand elles demanderoient un
» sol aussi fertile que les terres arables, elles
» n'en réussiroient pas moins sur le Cognelot.

» La surface inculte de son plateau peut être
» aussi facilement fécondée , que les côteaux
» adjacens : les vignes et les bois de Balesmes
» en offrent une preuve incontestable. Un au-
» tre fait, en faveur de ces observations, suf-
» firoit seul pour prouver que la montagne du
» Cognelot est susceptible , même dans plu-
» sieurs de ses parties , d'être sillonnée par le
» soc de la charrue , et le voici :

» Il y a environ trente ans , la commune du
» Pailly devoit 4 à 5oo francs à un des habitans.
» Sur la demande du créancier, cette commune,
» pour acquitter sa dette, aliéna quelques ar-
» pens de la montagne. La transaction con-
» sommée , le propriétaire défricha son ter-
» rein, l'ensemença de froment et , successi-
» vement , d'autres graines céréales. Dès la
» première année, le succès couronna son
» entreprise , et d'abondantes récoltes ont
» toujours rempli les vœux de ce cultivateur.

» Le sol de cette montagne, outre sa ferti-
» lité naturelle, est encore rafraîchi par des ir-
» rigations continuelles. En effet, malgré son
» élévation , elle donne naissance à trois ruis-
» seaux qui, à leur source même, forment déjà
» de vastes bassins. Les eaux tombent en casca-
» des bruyantes , et baignent , dans leur chûte

» rapide, la côte tournée vers l'orient et le sud-
» est. L'une des sources jaillit presqu'au som-
» met du plateau ; en sorte qu'au moyen d'une
» excavation peu dispendieuse, on lui don-
» neroit une direction opposée à son cours
» ordinaire ; et, si l'on en privoit la Saône,
» ce seroit pour en enrichir la Marne ».

De tous ces faits, sortoit la conséquence que la montagne du Cognelot, peut être fertilisée dans toute son étendue : les vignes, les bois, les plantes céréales y réussissent, et telles furent les certitudes recueillies par le C. *Varney*, et qui le déterminèrent à inviter la Société libre de Chaumont, à prendre, dans sa sagesse, lep arti le plus convenable sur le projet qu'il lui soumettoit.

Les vœux du C. *Varney* furent entendus et pris en considération par la Société ; elle les publia par la voie de l'impression : elle en transmit l'expression et son avis au Préfet ; ils frappèrent son attention, et particulièrement celle du Sous-Préfet de l'arrondissement de Langres, dans lequel étoit situé le Cognelot.

Ce Sous-Préfet, le C. *Berthot*, m'écrivit le 1er. Floréal an XI, pour me communiquer les vues du C. *Jerphanion*, Préfet, dont les premiers pas, en arrivant dans cette Adminis-

tration, se dirigèrent avec fermeté vers l'agriculture, et ont été depuis constamment mar-
qués par un zèle éclairé, et une louable sollicitude pour tout ce qui pourroit contribuer
à vivifier ce département. Il m'exprima forte-
ment son désir de s'assurer de la possibilité
de réaliser, sur le Cognelot, les projets développés par le C. *Varney*.

Il m'invita à recueillir et lui transmettre toutes les observations que je croirois propres à
lui faire connoître le genre de plantation dont
cette montagne pouvoit être susceptible, ainsi
que les moyens et les difficultés de l'exécution.

Il me recommanda sur-tout de visiter le
Cognelot, d'examiner avec attention la nature
de son sol, de lui donner mon opinion sur le
succès qu'on pourroit espérer de l'acacia, et
enfin sur les frais et les dépenses qu'exigeroit
la mise en valeur, soit simultanée, soit suc-
cessive, de ce vaste plateau, resté jusqu'à
présent stérile.

Sa sagesse le porta jusqu'à m'observer qu'en
administration s'agissant de réaliser, il falloit
éviter le danger de se laisser séduire par des
théories équivoques qui, dans l'exécution,
ne conduiroient qu'à des essais dispendieux et
sans utilité réelle. « Tout projet d'améliora-

tion , me dit-il , sur-tout de la **nature de ce-**
lui-ci , doit être établi sur les données les plus
positives et les plus certaines , et c'est cet
esprit d'appréciation rigoureux et pratique
que j'attends de vous. »

Pénétré des vues utiles de cet Administrateur, et des désirs du Préfet, je me trans-
portai sur le Cognelot, j'en parcourus toutes
les parties , à diverses reprises , ayant à la
main le mémoire du C. *Varney* et la lettre du
Sous-Préfet.

Je reconnus que la portion appartenante à
la commune de Balesmes étoit en bois brossailles , que celle de Chalindrey seroit bientôt
entièrement défrichée , et que la troisième en
friche n'offroit de cultivé que le terrein cédé ,
il y avoit trente ans, par la commune du Pailly
à un de ses habitans.

Au premier coup-d'œil , le mode de défrichement et de culture employé, jusqu'à ce jour,
ne me parut pas avoir été celui dont on auroit dû faire usage. Ceux qui l'avoient employé avoient laissé un grand nombre de la-
cunes ou petits intervalles en friche , pour
s'attacher à des parties qu'ils ont jugées plus
productives, et, dans l'exploitation de ces

dernières, ils avoient procédé sans plan et sans ordre.

Je trouvai, en effet, les pierres tirées du sol, presque toutes accumulées sans alignement ; de sorte que les récoltes ne pouvoient s'extraire qu'en traversant les champs d'autrui. Les propriétés de chaque individu se trouvent, par ce moyen, disséminées en vingt endroits, et ne se communiquent par aucun chemin entr'elles, ni avec les villages voisins ; enfin, l'œil n'apperçoit dans cette étendue cultivée, que des masses informes sans régularité.

A mon sens, il eût fallu ménager sur la crête de la montagne un chemin en droite ligne de la largeur de dix mètres, environ, auquel de plus petits eussent abouti en lignes perpendiculaires.

Il eût fallu reporter les pierres sur les limites de chaque propriété ; le grand chemin et les petits aboutissans eussent été tracés et démarqués des deux côtés par cet amas, appelé mergers dans le pays ; et les propriétés se trouvant ainsi closes par ces pierres, eussent offert des parcs naturellement séparés, et dont les limites et les démarcations indestructibleseu ssent encore enlevé à la cupidité tout moyen d'anticipation.

Par cette distribution simple, qui eût réuni l'utile à l'agréable, le cultivateur auroit pu faire parquer ses moutons sans clayes, et se procurer un engrais certain pour les fromens et immanquable pour l'orge.

Je donnai quelques soins à l'examen de la terre ; elle me parut légère, neuve et meuble ; les céréales, seules plantes qu'on y sème, ne me permirent pas de douter qu'elles ne tarderoient pas à appauvrir le sol, parce qu'elles puisent toutes leur nourriture à la même profondeur.

Je ne vis donc de remède à ce mal que dans l'introduction des prairies artificielles : elles seules, en effet, pourroient arrêter les dangers de ce dépérissement de la terre, sans cependant qu'elle cesse de donner de nouvelles productions. J'en donnai les raisons, et je terminai par conclure que ces prairies artificielles affermiroient cette terre légère que les labours rendoient trop meuble.

Mais, en proposant les prairies artificielles, j'observai bien que ce n'étoit pas un système absolu, et que je ne prétendois pas que ces productions fussent d'ailleurs les seules à introduire et les plus avantageuses ; car je pensois qu'il falloit aussi proportionner mes conseils aux moyens des cultivateurs qui, pour la plupart, sont peu fortunés. Je ne me dissimulai pas que, si je leur offrois un espoir de récolte très-éloigné , ils se refuseroient certainement à des avances qui ne devroient rentrer que très-tard, et à des soins qui ne seroient récompensés que dans douze ou quinze ans. Aussi, sans détourner ces considérations, je leur dis , mais avec ménagement, qu'il étoit certain que, s'ils étoient plus riches, je leur conseillerois, comme le meilleur de tous les partis , de planter ou plutôt de semer en bois , tant les parties défrichées que celles qui restent incultes sur le Cognelot; mais je n'insistai pas par respect pour leur intérêt personnel.

Revenant ensuite sur la partie inculte , je reconnus par un fossé diagonal du nord-ouest au sud-est , fait pour écouler les eaux pluviales et les éloigner des vignes , que la terre de cette partie qui est rougeâtre , légère , mélangée de petites pierres , avoit du fond dans beaucoup d'endroits, et qu'elle étoit la plus riche de toute la montagne , et que les autres qui avoient beaucoup moins de fond, ne produisoient que du buis, de l'ellébore et du serpolet.

Cette partie me parut pouvoir être plantée en vignes, sur une étendue de cent mètres de hauteur pour cent cinquante de largeur, à quelques petites portions près, dont les propriétaires des terreins inférieurs avoient enlevé la terre pour mettre dans leurs vignes.

Mais je me sentis encore pressé par le besoin de répéter que la plus productive de toutes les plantations dans toutes les parties quelconques, seroit certainement celle du bois. Ce qui me força à revenir sur les avantages de cette plantation, sur-tout pour la commune du Pailly, c'est que je savois qu'elle étoit privée de bois communaux et particuliers, et que le pâturage, presque inaccessible par son élévation, étoit encore trop éloigné de cette commune. Cependant, je leur laissai à tous le choix de mes observations, sans leur marquer plus de préférence pour l'une que pour l'autre, et je n'y revins plus.

Il falloit au moins quelques arbres; et j'observai qu'il ne me paroissoit pas nécessaire, pour s'en procurer, que le cultivateur sortît du cercle de ses connoissances usuelles pour chercher des arbres étrangers, propres à la nature du sol; son climat lui en fournit en quantité, à l'exception du faux acacia ou robinier que l'usage a naturalisé en France, et dont je crus devoir résumer les avantages dans ma réponse que je voulois rendre publique, afin de montrer aux hommes toute son utilité, et sur-tout à ceux de la campagne, qui n'auroient pas été à portée de connoître l'excellent mémoire du Sénateur *François* (*de Neufchâteau*).

Je leur dis et leur répétai donc, qu'il me sembloit que la nature s'étoit plue à réunir sur cet arbre les qualités qui ne se trouvent que comme isolées parmi les autres. Je leur fis remarquer qu'il venoit de toutes les manières, de semis, de marcotte et de bouture : il repousse abondamment sur souches, et de toutes ses parties recouchées en terre, il fait un beau taillis au bout de dix ans, et à cet âge on peut le couper. Dans l'usage, son bois donne plus de chaleur que tout autre, et il convient au tourneur, au menuisier, au tonnelier, à l'ébéniste ; il fournit des échalas, des cerceaux, des mairains, des perches, des chevrons, des doubleaux, des poutres, des planches, etc., etc., etc. Son seul défaut est de casser sous l'impétuosité des vents.

La terre rougeâtre, légère et sans fond, telle que celle du Cognelot, lui convient singulièrement : ses racines tracent beaucoup et coulent entre deux terres , à la profondeur de soixante millimètres (deux à trois pouces).

Il est certain que les parties les plus sèches de la montagne , qui ne produisent que du buis et de l'ellébore , si elles étoient plantées de ces espèces , donneroient un revenu avantageux , parce qu'elles peuvent réussir, même dans les intervalles négligés par les défricheurs.

Les hêtres , les chênes , les ormes , les charmes , les cerisiers et merisiers , ces deux dernières espèces sur-tout, viendroient très-bien ; mais la croissance de ces arbres est plus lente , au lieu que celle de l'acacia est presqu'aussi rapide que celle du peuplier.

Répondant ensuite au désir du Sous-Préfet, qui vouloit des certitudes et non des probabilités , et un esprit d'appréciation rigoureux et pratique , je lui observai que le défrichement du Valdonne, beaucoup plus difficile que celui du Cognelot , étoit un sûr garant du succès de ce dernier : la terre peut être considérée d'une qualité semblable sur les mêmes montagnes et comporter les deux productions. L'une et l'autre pourroient être plantées de pommiers et de poiriers , dont on choisiroit les variétés les plus robustes, et , dans ce cas, il seroit bon de se procurer des filets de Normandie, parce qu'en les élevant sur les lieux où ils doivent rester, on leur épargneroit les dégradations inséparables de la transplantation.

Après tout cela, j'ai supposé que la commune du Pailly voulût consentir au sacrifice de ses usages. Dans ce cas, j'ai posé comme une remarque essentielle, que le défrichement et la plantation d'un terrein aussi considérable ne pouvoient être facilement l'ouvrage d'un seul particulier.

M'expliquant sur la dépense approximative, j'ai dit que l'enlèvement et l'arrangement des pierres, l'extraction des buis et de quelques vieilles souches, l'applanissement du terrein occasionneroient d'abord une avance de 4000 francs ; que 4000 autres seroient encore nécessaires à consacrer à la culture et préparation de la terre, à l'acquisition des arbres et des graines pour les semis. J'ai même ajouté que cette dépense ne pouvoit pas être moindre ; mais j'ai assuré qu'elle n'excéderoit pas cette somme.

Il restoit constant que la division en plusieurs parties étoit la plus profitable.

Dans tous les cas, j'ai dit qu'il falloit commencer par ouvrir les chemins nécessaires aux travaux de la campagne et à la communication de village à village.

Et j'ai terminé par ce simple moyen d'arriver au but que l'on se propose.

La commune, en aliénant la jouissance de ce pâturage, sous une redevance annuelle, à bail emphytéotique, ou moyennant une somme une fois payée, astreindroit les acquéreurs à porter sur les lignes de séparation les pierres provenantes du défrichement ; ils seroient obligés de mettre ce sol en valeur dans un temps déterminé ; et en leur laissant la faculté de cultiver à leur manière une certaine étendue, l'autorité fixeroit celle qu'ils seroient contraints de planter en bois, et par ce moyen, dans deux années, trois au plus, sans grands frais de la part des particuliers, on rendroit à l'Agriculture un terrein jusqu'alors sans production.

Le Préfet de la Haute-Marne auquel fut adressée ma réponse au Sous-Préfet, ne se borna pas à m'en témoigner sa satisfaction ; il en rendit compte au Ministre, qui a eu la bonté d'applaudir à mes efforts.

Les Commissaires de la Société libre de Chaumont ont voulu visiter les lieux, et de leur examen est sorti le rapport par lequel je termine cet article important.

« Utile par ses travaux, ont-ils dit, utile
» par ses conseils et ses exemples, le C.
» *Douette-Richardot* l'est encore par ses pro-
» jets. Le mémoire sur le marais de Chezeaux
» a été inséré dans les *Annales de l'Agricul-*
» *ture*. Celui sur le défrichement de la mon-
» tagne du Cognelot a déjà donné une telle
» impulsion, qu'il ne reste à défricher que la
» portion du territoire du Pailly. Nous avons
» pensé qu'il n'étoit point étranger à la com-
» mission qui nous est confiée de visiter cette
» montagne, et d'apprécier par nous-mêmes
» les moyens proposés par le C. *Douette-*
» *Richardot*.

» Quelle a été notre surprise, lorsque ne
» croyant voir qu'une montagne aride, in-
» culte, d'une triste uniformité, nous l'avons
» trouvée, dans les parties septentrionales et
» orientales, subitement et complètement dé-
» frichée, couverte de légumes, de céréales,
» et offrant la plus belle verdure, l'aspect le
» plus riant et le plus varié ! Les défricheurs
» nous ont déclaré que le C. *Douette-Ri-*
» *chardot*, dans les divers voyages qu'il a
» faits sur cette montagne, les avoit confirmés
» dans

» dans le dessein de se livrer à ce défriche-
» ment, et que le mémoire répandu parmi
» eux leur en avoit indiqué les moyens. En
» effet, quelques-uns les pratiquent avec in-
» telligence. Nous avons entendu les remer-
» ciemens faits par ces cultivateurs au C.
» *Donette-Richardot* : récompense bien flat-
» teuse de ses peines ! ! !

 » Le C. *Varney* qui, le premier, a fixé les
» regards de la Société, du Préfet, du Sous-
» Préfet et du Public sur le Cognelot, s'est
» acquis aussi des droits certains à la recon-
» noissance des communes qui l'environ-
» nent ».

N°. X X I.

*Département de la Marne ; Thuisy, canton
de Verzy : le C.* Richardot, *Juge de Paix.*

J'ai eu l'honneur de vous dire dans le chapitre premier de ce compte, qu'à votre voix,
non seulement le département de la Haute-
Marne, mais encore les Départemens voisins
et les différens cultivateurs avoient ressenti la
nécessité de s'adonner à l'amélioration de l'A-
griculture, et je vous ai détaillé les noms de
ces Départemens et des cultivateurs, aux vœux

desquels j'aurois désiré pouvoir répondre ; mais je n'ai pu que passer rapidement chez l'un de mes beaux-frères, établi à Verzy, près de Reims.

J'ai fait planter dans sa propriété vingt ares de superficie en arbres fruitiers, de différente nature. Dans d'autres terreins, j'ai fait planter des noyers et des peupliers.

Le C. Jacques *Lavost*, Maire de Thuisy, a visité ces terreins, il y a peu de jours, et il en a dressé procès-verbal, dont voici les termes :

« Je certifie qu'il a été planté sur les pro-
» priétés du C. *Richardot*, dans le cours de
» la présente année, environ vingt ares de
» superficie en arbres fruitiers, de différente
» nature ; plus, dans d'autres terreins voi-
» sins, environ quinze cent jeunes noyers et
» un plant de peupliers ; le tout sous la di-
» rection du C. Nicolas *Doxette-Richardot*,
» et qu'ils ont réussi, malgré la sécheresse
» qui a régné jusqu'à ce moment ».

Ce certificat est joint sous ce N°. XXI.

Je dois ici faire mention du dévouement du C. *Leroy*, ex-Législateur, Sous-Préfet de l'arrondissement de Reims : son œil attentif s'est arrêté sur ma méthode, et il m'a suivi avec une louable curiosité dans mes opérations.

Zélé pour les progrès de l'Agriculture, qu'il brûle de développer sur le sol confié à la sagesse de son administration, il a bien senti ce que le Gouvernement attendoit de lui, et il attendoit, à son tour, le succès de mon entreprise, pour s'en servir comme d'un exemple propre à exciter l'émulation.

Déjà, il a vu se former un atelier qui est actuellement en activité : deux autres n'attendent qu'un moment propice pour commencer, et plusieurs cultivateurs se disposent pour la saison prochaine.

Que ne m'est-il permis d'aller encourager ces dispositions !

Je m'acquitte envers ce Sous-Préfet, en le désignant au sein d'une Société, dont l'œil, placé à la droite du Gouvernement, embrasse la République entière.

N°. X X I I.

Bois et Forêts ; Arbres sur les Routes.

J'ai reporté mon attention sur la tenue et la conservation des bois et forêts, et sur les arbres qui garnissent les routes. Leur état de dégradation m'a forcé de vous entretenir des

moyens d'en arrêter la dévastation, et sur-
tout d'indiquer les mesures propres à les pré-
server de la ruine totale dont les uns et les autres sont menacés, et sur-tout les arbres qui
bordent les grandesroutes.

J'ai soumis mes observations sur ces deux
points importans au C. Berthot, Sous-Préfet à
Langres.

Il les a goûtées et s'est empressé de les transmettre au Citoyen Préfet, qui les a fait passer au
Ministre de l'Intérieur, en même temps que
je vous les faisois parvenir.

Vous avez eu la bonté de les prendre en considération, et de m'exprimer la part que vous
preniez à mes regrets sur les dégâts qui se
commettent dans les bois : mais vous m'avez
répondu que le Gouvernement s'occupoit du
soin de réprimer ces fâcheux abus, et vous
avez pensé, ainsi que le Ministre lui-même,
que mes réflexions appartenoient à l'administration forestière.

Cependant ces vues qui, en général, s'é-
tendoient sur l'administration et la conservation, m'ont paru, en particulier, si étroite-
ment liées avec les objets dont vous vous occu-
pez, sur-tout sous le rapport des moyens de
reproduction, de semis et de plantations sur

les rives des ruisseaux et des pâtis commun-
naux, que je n'ai pas cru pouvoir vous dé-
plaire , en vous en parlant encore dans ce
compte , et je joins ici , sous ce N°. XXII , la
lettre du Citoyen Sous-Préfet au Préfet.

Vous avez eu raison de penser que la partie
législative et administrative n'étoit pas de votre
ressort : mais il ne vous échappera pas que les
conseils et les moyens d'impulsion vous appar-
tiennent spécialement ; et si vous n'avez pas le
pouvoir coërcitif, vous avez celui de l'onction,
et vous vous ferez, sans doute, un devoir d'inviter les communes à planter en saules , en peupliers, en acacias , les rives de leurs ruisseaux
et de leurs pâtis. Dans peu d'années , ces espèces qui ont une végétation facile et abondante ,
deviendront assez fortes pour leur fournir, par
un émondage triennal , une ressource capable
de satisfaire à la consommation de chacune
d'elles, en rames et en cercles.

Vous leur ferez aisément concevoir qu'en pla-
çant, alternativement, dans leurs plantations
un pied de saule et un pied de peuplier, elles
trouveront l'avantage de multiplier ces arbres,
soit sur une même ligne , soit autour de leurs
héritages , au point de faire clôture pour le
bétail ; parce que le saule ne s'élevant pas , et

le peuplier, au contraire, s'élançant, ils croissent l'un très-près de l'autre, et se développent chacun suivant sa nature, sans se nuire.

Le peuplier offre même un avantage de plus, et qui les encouragera encore à préférer sa culture, c'est que sa feuille recueillie avec soin et en temps convenable, forme un très-bon fourrage pour le mouton.

C'est après qu'on aura suivi vos conseils, que ces plantations pourront alors venir se ranger sous l'égide des lois, appeler une législation agraire ou forestière, et que leur conservation rentrera sous les yeux de l'administration.

OBSERVATIONS.

J'aurois pu augmenter ce chapitre de mon compte, du détail de beaucoup d'autres ouvrages que j'ai exécutés. Dirigés ou seulement commencés ; mais comme cela eût été long, et m'a paru minutieux, que d'ailleurs je ne m'étois muni d'aucunes pièces authentiques capables d'en justifier l'existence, j'ai cru devoir me borner à en parler : mon but a été de vous mettre à portée de juger que, jusqu'au moindre cultivateur, tous ont été pénétrés de l'impulsion que vous avez donnée, et sentent parfaitement que vous ne travaillez que pour leur profit, en leur communiquant les lumières de votre théorie ; ils ne peuvent plus se dissimuler que le Gouvernement s'occupe essentiellement de leur bien et de leur unique bonheur, et que l'un et l'autre s'opèrent par l'effet de vos leçons, dont tout le monde est imbu depuis que vous les avez publiées, et depuis que j'ai fait sous leurs yeux l'application de vos préceptes que je me suis fait un devoir de développer.

Je ne me suis permis cette observation que parce que ces ouvrages n'ont pas échappé à la pénétration et aux soins des Commissaires de la Société libre de Chaumont, et je termine par ce qu'ils en ont dit :

« Il est encore beaucoup de lieux dont le
» détail seroit trop long, et qui se ressentent
» de l'influence du C. *Douette Richardot*,
» sur leur sol. Il nous suffira de dire que son
» existence entière est consacrée à découvrir
» les terreins inutiles, incultes ou mal-sains,
» pour les rendre utiles, féconds et salubres,
» et comme nous avons acquis les preuves
» qu'il y met autant de zèle que de désinté-
» ressement, nous qui connoissons tout ce
» qu'il peut faire d'avantageux à l'État, sous
» le rapport de l'impôt, comme au proprié-

» taire sous le rapport des revenus, ne devons-
» nous pas désirer que le génie extraordinaire
» qui préside aux destinées de la France, et
» nous fait jouir, au sein de la guerre, des
» douceurs de la paix, abaisse sur lui un de
» ses regards protecteurs qui animent et vivi-
» fient tout? »

Ah! si j'osois aussi former un vœu à côté de celui de ces Commissaires estimables, ce seroit que *Bonaparte-le-Grand* fût instruit, par le Ministre avec lequel vous avez directement des communications si utiles, de l'influence de son nom seul dans un Département qui ne jure que par lui : puis, si mes foibles efforts pouvoient jamais être jugés dignes de quelque récompense, il n'en est qu'une que j'ambitionnerois, et je les redoublerois pour la mériter. Ennemis du bien public! vous rougiriez de vos sarcasmes, vous qui, dans le délire de votre jalousie insensée, croyez m'insulter en me nommant, par dérision, *la charrue de Bonaparte*! Vous resteriez confondus, profanateurs impies d'un titre sacré qui feroit ma gloire, si la munificence de ce héros, protecteur de l'Agriculture, changeoit, d'un seul trait, votre ironie en une récompense qui feroit l'honneur d'une

vie que je consacrerois à m'en rendre plus
digne ! !

Mais je n'ai pas encore mérité ce beau nom,
et je serois trop heureux que mes constans travaux le fixassent un jour sur ma tête ! ! !

N°. X X I I I.

*Rapport de la Commission de la Société libre
de Chaumont, du 25 Thermidor, an XI.*

Cette pièce est comme le flambeau qui doit
porter sous vos yeux, la lumière sur toutes
mes opérations. C'est un témoignage authentique de leur existence, et de l'état dans lequel
les Commissaires les ont trouvées : c'est un mo-
nument qui s'élève à la gloire du Préfet, de la
Société libre et des Commissaires sur-tout.

L'usage continuel que j'en ai fait dans la
composition de ce tableau analytique, m'a
prouvé l'insuffisance de mes moyens pour ac-
quiter mon cœur de toute la reconnoissance
que je dois à ces bons citoyens, à ces amis de
l'agriculture et du bonheur de leur pays.

Puisque leur ouvrage fait leur éloge, il ne
me reste plus qu'à consigner ici leurs noms. Il
m'importe que des hommes de ce mérite soient
connus de cette assemblée : c'est le seul moyen

de justifier aussi le choix éclairé de la Société
libre de Chaumont, puisqu'il porte sur trois
personnes, dont les différens genres de connoissances avoient le plus de relation avec mes
différens travaux.

Le C. *Fontenoy-Lamotte*, membre du con-
seil-général du Département et de la Société
même, est, de plus, un de ces agriculteurs distingués par l'application d'une excellente théorie à la pratique la mieux entendue.

Le C. *Beugon*, inspecteur des forêts dans
l'arrondissement de Langres et correspondant
de la Société, est, de plus, un ancien agent
forestier, qui joint à la science des plantations la connoissance des arbres, et à l'art d'ad-
ministrer ces parties avec intelligence et sagesse, l'art de défendre et de conserver.

Le C. *Meschiny*, ingénieur des Ponts et
Chaussées, demeurant à Langres, est connu
par ses talens développés si utilement dans
l'exercice de ses fonctions. Il possède, de plus,
l'art de la distribution, de la conduite et de la
direction des eaux et des méthodes particulières pour les plantations, les cultures et les
défrichemens.

Je dépose donc dans vos archives l'ouvrage
de ces trois Commissaires, avec l'hommage

de ma sensibilité. Vous le trouverez sous ce
N°. XXIII.

N°. X X I V.

Notices sur quelques essais et quelques ob-
servations que j'ai faites, relativement à
l'Agriculture, à la nourriture et à la con-
servation des Bestiaux.

Je n'ai pas cru hors de propos de placer, à la
suite de ce compte, quelques remarques que j'ai
faites dans l'exercice de ma méthode et dans le
cours de mes exploitations et de mes ouvrages.
Vous aurez la bonté de les apprécier et vous
jugerez si elles peuvent devenir bien utiles.

1°.

Essai sur la vesce blanche, de la grosse
espèce.

J'ai essayé d'introduire, dans mes environs,
cette espèce de vesce que je tirois de Betford.

J'en ai semé en assez grande quantité, dans
un temps où les cultivateurs, mes voisins,
osoient à peine en jetter quelques poignées dans
quelques-uns de leurs champs.

Cet essai m'a bien réussi, et, par ce moyen
je me suis procuré, dans une année de disette,

des fourrages, et de bons fourrages, en abon-
dance.

J'en fis consommer une partie en vert par
les chevaux et les bêtes à cornes : ces animaux
s'en trouvèrent bien. Je convertis le reste en
foin , et ce fut pour eux une nourriture utile.

Mais je dois vous observer , et le dire à ceux
qui seroient tentés de suivre mon exemple ,
que pour les faire manger ou les convertir en
foin , il ne faut pas attendre leur pleine matu-
rité ; alors la tige seroit devenue trop dure
pour la dent des bestiaux , et la gousse n'auroit
pu retenir son pois.

2°.

Essai sur la nourriture et l'engrais des Porcs.

J'ai élevé beaucoup de cochons , et c'est ,
comme par l'effet du hazard , que je suis parvenu à faire la découverte dont je vais vous
soumettre l'exposition.

Lorsqu'on sortoit ces animaux , pour les en-
voyer au pâturage , il s'en échappoit quelques-
uns qui couroient vers des champs voisins ,
plantés en trèfle.

Je présumai , en réfléchissant sur cet écha-
pée , répétée à plusieurs reprises , que cet ani-

mal pouvoit aimer le trèfle , et que cette plante qui l'attiroit , pourroit convenir à sa nourriture.

J'en fis couper en vert, et j'en donnai à quelques-uns que je distinguai et que je suivis. Ils prospérèrent évidemment , et lorsqu'ils furent en état, je les fis tuer et je les examinai.

Le résultat que j'obtins fut de découvrir que cette espèce de fourrage avoit communiqué au lard une teinte de rouge , et à la viande une grande finesse. Les charcutiers leur donnèrent une préférence marquée sur ceux engraissés à la manière ordinaire.

Je portai plus loin cet essai. Je voulus savoir si ces animaux accorderoient une égale préférence à la luzerne : je reconnus qu'ils y prenoient goût, et que, nourris par cette sorte de fourrage , ils devenoient *beaucoup plus longs* que les autres.

Alors je combinai ces deux genres de nourriture , et de cette combinaison j'obtins la conséquence que, pour atteindre à un but unique par ces deux moyens, il falloit commencer par leur donner de la luzerne, qui, dans l'ordre de la nature, se coupe toujours avant le trèfle, et leur continuer pendant un temps suffisant pour les alonger , puis ensuite les fournir de trèfle dont les effets *portoient à l'embonpoint ;* et pour obtenir la perfection et un gras salutaire , je terminai par leur faire manger un peu d'orge.

Je me suis bien trouvé de cette découverte dont je vous devois la confidence , et que vous pouvez soumettre à des expériences , en la publiant et recommandant à quelques nourriciers intelligens de la mettre en pratique et d'en suivre les résultats.

Peut-être que cette méthode rendroit plus salutaire la viande de porc.

3°.

Sur les bestiaux et leur nourriture; sur quelques maladies qui en sont la suite , et le remède à y appliquer.

J'ai tiré de quelques parties de l'ancienne Franche-Comté, du Morvan , du Berry et d'autres anciennes provinces de la France, beaucoup de bestiaux : il m'a fallu , pour les nourrir et les engraisser , beaucoup de prairies artificielles.

Souvent , il ne m'étoit pas possible d'en re-

cueillir le fourrage dans les temps favorables.
Obligé de le faucher en vert, on le donnoit à
ces animaux lorsqu'il étoit encore chargé de
rosée. Je remarquai qu'il leur nuisoit beaucoup, et sur-tout aux bêtes à cornes. J'en
perdis plusieurs par suite de ce défaut de soin,
et je cherchai le remède propre à de tels accidens qui pouvoient se renouveler, malgré ma
surveillance. On en employoit de toutes sortes
dans le pays : de tous ceux que l'on m'indiqua,
je tirai peu de secours utiles ; mais j'en prati-
quai un qui m'a constamment réussi. Je fis
usage du lait et de la poudre à tirer, mixtion-
nés ensemble : j'infusois dans une pinte de
lait, environ, *le vingtième d'une livre de
poudre*. J'administrois ce breuvage à l'animal
dès le commencement de la maladie, et souvent j'augmentois la dose de poudre en raison
des progrès de l'enflure : des expériences multipliées m'ont confirmé l'efficacité de ce
remède.

Je vous l'indique, Citoyens, dans ces momens où de pareilles maladies attaquent plusieurs bestiaux dans l'intérieur et chez nos
bons voisins. Daignez l'apprécier, l'analyser,
et s'il mérite votre approbation, en le publiant
vous aurez rendu à l'humanité et à l'Agricul-

ture un nouveau service, au-delà de ceux que vous ne cessez de lui rendre.

4°.

Engrais pour les arbres fruitiers et les vignes.

J'ai planté, depuis deux à trois ans, plusieurs arbres fruitiers dans des terreins légers et arides. J'avois des craintes sur leur réussite : ils ont cependant bravé les chaleurs dévorantes, et, de plus, ils ont développé et conservé une vigueur telle qu'elle a fait l'étonnement de ceux qui connoissoient la nature du sol, et des jardiniers dont les arbres plantés dans d'excellentes terres, n'avoient pu résister aux ardeurs du soleil. Je n'ai dû le succès de ces plantations qu'à un engrais dont je me suis avisé, et dont le hasard et quelques souvenirs m'ont fait essayer l'utilité.

Je le compose de rapure, de cornes et des ergots de pieds de veau. J'ai remarqué, surtout, que la rapure, provenue de la corne, employée par les ouvriers qui font des peignes, étant infiniment plus divisée, produit les plus grands effets.

Mais je dois observer que dans l'emploi de

ces matières, j'ai eu le soin de ne pas les placer adhérentes aux racines des arbres : je prenois, au contraire, la précaution de les en séparer par un lit de terre, et de recouvrir toute la surface d'une couche de terre assez épaisse.

A ce moyen, cet engrais ne pouvant se décomposer que lentement, conserve ses sucs nourriciers pendant sept à huit ans, au moins, et, après ce temps, il se confond dans la terre imprégnée de ces sucs, et la rend telle qu'elle soutient long-temps les arbres dans un état de vigueur qui ne demande plus d'entretien.

Plusieurs agriculteurs ont appliqué cette méthode à leurs vignes, et s'en sont bien trouvés : elles ont prospéré et produit de bonnes récoltes.

5°.

Je pourrois vous entretenir encore d'une espèce de pomme de terre, dite angloise (je ne sais trop pourquoi), que je tenois du C. *Vilmorin-Andrieux*, et que j'ai, le premier, introduite dans les environs de Langres ; vous parler aussi des filets de Normandie, dont j'ai développé les avantages sur les arbres qu'il faut transplanter : mais je n'en finirois pas, et je m'apperçois que j'ai beaucoup trop abusé

G

de vos momens précieux, et de l'attention soutenue que vous avez la bonté de m'accorder. Je termine donc.

RÉSUMÉ.

En me laissant entraîner à de si longs détails, j'ai eu bien moins pour but de vous compter mes efforts que de vous convaincre de mon dévouement absolu.

Je ne me suis pas dissimulé que, quel que fût le nombre de mes ouvrages, j'étois encore infiniment au-dessous de ce que vous aviez le droit d'attendre de mon zèle, quand je les compare sur-tout avec l'étendue des encouragemens et des récompenses que vous m'avez accordés, avec ce que je devois et au Gouvernement et à mon pays.

Mais j'ai considéré que ce que j'avois exécuté étoit plutôt votre ouvrage que le mien, et forcé de vous en rendre compte, j'ai dû le détailler. Il m'a semblé, d'ailleurs, que mes opérations présentoient assez de variétés et dans l'exécution et dans l'emploi des différens moyens, pour vous fournir matière à tirer des conséquences applicables aux progrès de l'Agriculture que vous avez pour but constant d'améliorer. Je pense donc que vous pouvez asseoir votre jugement sur ces données. Il est assez évident qu'il ne s'agit plus que de répandre vos préceptes et de multiplier votre enseignement pour achever d'exciter l'émulation générale. Tout est possible, en ce genre, aux hommes courageux et dévoués, et la terre la plus indocile ne pourra jamais résister à leur travail.

Adoucissez-en les fatigues par vos encouragemens; écartez les difficultés par vos leçons; et le cultivateur, dédommagé de ses peines par le produit, bénira les maîtres qui l'enseignent, et le Gouvernement qui le stimule et le protège.

Paris, ce 16 Vendemiaire an XII (1803).

<hr>

A PARIS,

DE L'IMPRIMERIE de Madame HUZARD,
Imprimeur de la Société d'Agriculture du Département
de la Seine, rue de l'Éperon Saint-André-des-Arts,
n°. 11. An XII.

9 782329 732558